光尘
LUXOPUS

UND MORGEN
FLIEGE ICH AUF

Michaela Muthig

冒名顶替
综合征

[德]米夏艾拉·穆逖兮 著

项玮 译

人民邮电出版社

北京

图书在版编目（ＣＩＰ）数据

冒名顶替综合征 ／（德）米夏艾拉·穆逖兮著；项
玮译. -- 北京 ：人民邮电出版社，2023.1（2023.6 重印）
ISBN 978-7-115-60459-0

Ⅰ.①冒… Ⅱ.①米… ②项… Ⅲ.①心理学－通俗
读物 Ⅳ.①B84-49

中国版本图书馆CIP数据核字（2022）第218913号

<UND MORGEN FLIEGE ICH AUF>
Copyright © 2021 dtv Verlagsgesellschaft mbH & Co.KG, Munich/Germany

◆ 著　　　［德］米夏艾拉·穆逖兮
　　译　　　项　玮
　　责任编辑　袁　璐
　　责任印制　陈　犇
◆ 人民邮电出版社出版发行　　北京市丰台区成寿寺路 11 号
　　邮编 100164　　电子邮件 315@ptpress.com.cn
　　网址 https://www.ptpress.com.cn
　　文畅阁印刷有限公司印刷
◆ 开本：880×1230　1/32
　　印张：6.75　　　　　　　　　　2023 年 1 月第 1 版
　　字数：138 千字　　　　　　　　2023 年 6 月河北第 4 次印刷
　　著作权合同登记号　图字：01-2022-4457 号

定价：59.80 元

读者服务热线：（010）81055671　印装质量热线：（010）81055316
反盗版热线：（010）81055315
广告经营许可证：京东市监广登字 20170147 号

推荐序

　　我从事心理咨询行业近二十年，接诊过很多类似书中所述情况的人。他们中的很多人见到我的第一句话往往是"我觉得自己很糟糕"。是的，他们用了"糟糕"这个词，即使在周边人看来他们已经很优秀了，但他们依旧活在"自己还不够好"的焦虑中，坚信所谓的成功不过是谬赞。有的人认为自己被心仪的学校录取是运气好，或者干脆是学校的招生标准比较低；有的人面对领导的提拔则坐立难安，因为害怕被人发现自己的能力其实并不出众……

　　如果深入聊下去就会发现，他们都有一些共同特征：事事追求完美、对自己要求严苛、难以接受他人帮助、感受不到自我价值……最重要的是，他们不认可自己所取得的成就，认为一切不过是侥幸，似乎总有一天，人们会透过这些虚假的光环看穿他们是怎样糟糕的一个人。

　　这些表现在心理学中被称为"冒名顶替综合征"。拥有这些特征的人就好像是有一种特殊的自卑情结。个体心理学之父阿德勒在《你的生命意味着什么》一书中提到：自卑每个人都有，我们并不需要消除自卑感，如果我们拥有足够的勇气，并采取正确的方法，那么自卑是可以激发我们，使我们更优秀，走向更好的自己。但如果我们把自卑看作是一种纯粹的坏的体验，甚至习惯性地在每一次想要做出改变时，都先自我怀疑、自我否定，最后的结果就是裹足不前。

举个例子，当你想要和对方交朋友时，是否总担心自己不够优秀？一旦对方没有及时地回应你，你就觉得对方不喜欢或不在意你了，从而立刻放弃想要跟对方交朋友的念头。再比如，虽然努力地准备了演讲，但因为过程中的一点儿小失误，你就对自己的表现全盘否定。这种错误的信念误导了你，你所有的社会活动，包括家庭关系、人际关系、职业晋升等都因此受困。

只有当我们真正知道自己是谁，才能更好地与这个世界相处。

我非常喜欢《冒名顶替综合征》这本书中练习清单的部分，每一个练习都在帮助你厘清对自我的认知，陪伴你完成一些自我探索，树立积极的心理暗示。给自己多一点儿接纳与信任，你并不像你想的那样糟糕。也不必苛求自己事事完美，这世上没有完美的人，但有被完美困住的人。

当你看到真实的自己，并有能力与勇气去接纳，也就找到了摆脱冒名顶替综合征的方法。

胡慎之

自序

很长一段时间里，我都不知道自己怎么了，只知道一件事：我不相信自己。不管我做了什么，不管别人眼里的我有多出色，我都坚定地觉得自己还不够好。学的知识越多，能力越出众，在别人眼中的地位越高，我就越有一种感觉，那就是这一切都只是表象。这种表象背后交织着无法衡量的不确定性和无助感。我努力工作，赢得认可，得到晋升，但内心仍深深地恐惧着，担心总有一天人们会发现我实际一无所能。虽然到目前为止一切都很顺利，但谁知道明天会怎么样呢？这种恐惧如影随形，它就是"冒名顶替综合征"。有很多人都和我一样有此想法，一部分成功人士从不认为自己取得了多大的成就，他们认定自己只是一个无能的冒名顶替者。

那么，冒名顶替综合征到底是什么？虽然它的确会给人的身体和精神带来伤害，但冒名顶替综合征不是一种医学意义上的疾病。同时，它也不是一种对自我成就的调侃和自谦，即使在他人看来就是如此。最重要的是，它并不像我（和其他许多受影响的人）多年来所相信的那样是一个性格上的缺陷。

在了解这些之后，我开始更加努力地做出改变，试图摆脱这一问题。

冒名顶替综合征最有可能被解释为一种知觉障碍。在本书中，我使用了一个扭曲的镜子的意象来解释。当你看这面"镜子"时，你看到的不是自己的能力、才干和成就，而是一系列的失败、缺陷和无能。然而，这种无能的感觉并不符合实际。

在过去的几年里，许多知名人士公开表示自己也受到冒名顶替综合征的影响，他们中有科学家，演员，音乐家，也有顶级运动员和演讲家。这些人有一个共同点：他们都是各自领域的佼佼者。但即使拥有最高的荣誉和数以百万的粉丝，有时也不足以动摇人们认为自己不够好的信念。相反，受冒名顶替综合征影响的人们会把自己的成功归咎于巧合和运气。

长久以来，我认为自己的职业生涯只不过是运气好，我根本配不上所取得的成功。直到开始研究冒名顶替综合征，我才意识到不能过于相信自己的感知。我明白了为什么那些成就不足以让我产生自信和胜任，也发现了自己只是众多冒名顶替者中的一员。这一现象实在太过普遍，也许正在看这本书的你也深受其影响。

如果你还不能确定，可以看看以下测试。你是否：

□ 无法因他人的夸奖而感到高兴，觉得自己不值得这个赞美。

□ 总是关注自己的错误，害怕别人会发现自己有多无能。

□ 无法对自己的表现感到满意，因为一切还不够完美。

□ 得到的认可和赞扬越多，就越恐惧失败。

☐ 经常换工作，因为每次都给自己施加了过大的压力。

☐ 总是害怕让别人失望。

☐ 听到赞美时会认为："他这么说只是出于友好，不想让我气馁。"

☐ 觉得成功并不是靠努力，不过是运气好罢了。

☐ 经常觉得自己像个骗子，因为别人明明可以做得更好。

☐ 担心一旦开口演讲或者汇报，大家就会立刻意识到你其实根本什么都不会。

☐ 不敢接受晋升。

我在书中详细解释了冒名顶替综合征这一现象，希望能给你以勇气，让你知道在这个问题上，你并不孤单。你会明白为什么以前的成就并没有让你自信，而只是增加了不安全感；哪些因素可能会导致或加剧冒名顶替综合征；回顾过往，并基于此评估是哪些个人经历促成了现在的你。我将带领你摆脱永恒的怀疑，并建立自信。本书提供了许多练习，手把手指导你克服自我怀疑，认识自己的价值和能力，并最终建立一个符合现实的自我形象。

希望你能在本书的帮助下重新开始旅程，抛下冒名顶替者的头衔，再次享受工作，不再深陷于自我怀疑。你会超越以前的自己，变得越来越好，而不必担心那些虚假的面具会在未来的某个时候崩裂。

放手去做吧，因为你值得！

米夏艾拉·穆逊兮

目　录

引子　一面魔幻的镜子

　　从前，在皇宫脚下的一个村庄里，生活着一个农夫的儿子。他在父亲留给他的田地里耕作时，发现了一个闪闪发光的东西。"这是什么？"他好奇地自言自语道。"我是一面魔镜。"他听到它回答。实际上它原本只是一面普通的镜子，因为被一名善妒的女巫施以魔法，所以才会说话。魔镜以欺骗的手段致使国王的女儿发疯并最终死亡。不过，女巫的诡计最终被识破了，这面骗人的镜子也因此被深埋在地下，从此不见天日。在被农夫的儿子发现之前，它已在地下沉睡了上百年。

　　年轻人好奇地照了一下镜子，可他被镜子里的自己吓了一跳。"这完全不是我！"他出声叫道，"我怎么一下子变得又矮又难看了？"震惊之余，他扔掉了魔镜。"小心点儿，"魔镜嘟囔着，"你差点儿就把我摔碎了！我告诉你，你就长这样。""可是在我以前照过的其他所有镜子里，我根本不长这样。实际上我要高大得多。""它们都在骗人，"魔镜信誓旦旦地对年轻人说道，"它们就是来讨你喜欢的，你千万不可以相信。只有通过我，你才能看到真正的你。"

年轻人听信了魔镜的话。几年过去了，这个年轻人已经成长为一名强壮英俊的男子，可惜并不自知。他每天照许多次魔镜，以确定自己到底是什么样。不知不觉中，他的内心发生了变化。他感觉自己越来越渺小，越来越无足轻重。在旁人面前，他总是因为恐惧而退缩。最终，那些人显得远比他高大且能干。年轻人活得越来越不开心，几乎寸步不离他的农场。因为他实在羞于在村民面前出现，所以没人知道那面魔镜的存在，也没人猜到他行为异常的原因。

直到有一天，村里一位女子悄悄尾随他。女子早已对这位魁梧的年轻人芳心暗许，也多次尝试接近他。无奈女子所有的尝试都无疾而终，她只能震惊地看着自己心仪的男子变得越来越伤感和畏缩。在好奇心和同情心的驱使下，她想要找出年轻人行为异常的原因。因此，她潜至年轻人的茅屋，透过窗户看到他从隐蔽处取出魔镜照了一下。

"你在干吗？"女子非常吃惊地大叫道，声音大得足以让屋内的男子听见，"你在藏什么？"

在一堆白费力气的托词和否认之后，年轻人终于将他之前的发现向女子和盘托出。"让我来照照！"女子请求着。当女子看到自己的镜像时，大笑不已。"这面镜子在骗人，"她叫道。"不，它不会这么做。它说得总是在理，是一个明智的劝告者。"年轻人辩解道。"我跟你说，它在骗人！"女子怒喝道。

这位女子竭尽全力从年轻人手中夺过魔镜，扔在坚硬的石板地面上。魔镜被摔得粉碎。

第一部分

什么是冒名顶替综合征

为何本书以一则童话故事开篇？这个世界上本不存在女巫，更没有魔镜。但事实真的如此吗？本人可以肯定的是，还真有这样的"骗人的镜子"。不过它们没有被埋入地下，而是渗入我们的经历之中。而且，我们没有手执这些镜子，而是将它们植入自己的脑海。

就像开篇的童话故事描述的那样，我们常常感觉自身和自己的成绩非常渺小且微不足道，却无限放大自己的过错和弱点。然后，我们自认为的形象就像年轻人在魔镜里的面貌一样扭曲。随着时间的流逝，我们对自己越来越没有信心也就不足为奇。不管我们做什么事，总觉得有所欠缺。即便因为突出的成就受到嘉奖或者得到晋升，我们还是会觉得这只是幸运，自己完全不该获得赏识。我们害怕有朝一日会被人揭露自己的"真面目"。那时，所有人都会发现，我们其实有多无能。

我们对自身的评价远低于外界对我们的评价，这种现象被心理学家称为"自我能力否定倾向"，也叫"冒名顶替综合征"。虽然这一心理现象屡见不鲜，而且近40年来人们对其颇有研究，但很多人对此仍是闻所未闻。他们常常将其与单纯的自我怀疑或者自卑感混为一谈。因此，本书将为你解释具有冒名顶替综合征的人会有哪些特征，向你展示内心的"哈哈镜"由哪几部分组成，以及哈哈镜是怎么产生的。与此同时，你将与奥利弗（Oliver）和马拉（Marla）两位当事人结伴踏上走出欺骗性镜像的迷宫之路，并从中学到认清自我、逐渐摆脱错误信念所必须进行的几个步骤。如果本书既能为你带来理论知识，又能在实操上指点一二，也算是物尽其用了。书中包含许多问题和练习，邀请你对自身和冒名顶替综合征心理做深入探究。因此，请花一些时间回答问题并做完练习，这样才能有所改变和收获。本书也会做好一位引路人，带领大家从错误的思维、扭曲的认知和恐惧中解脱出来。

准备好探寻内心的镜子王国了吗？那么，我马上带你来认识一下奥利弗，本书的第一位冒名顶替综合征经历者。

第一章　我到底怎么了

　　窗户开着，外面几乎没有一丝声响，只有远处间或传来汽车渐行渐远的声音。此时此刻，路上几乎空无一人。这已是奥利弗无法入眠的第四个夜晚。他躺在床上一动不动，脑海里始终盘旋着同一个问题："我得赶紧睡着，明天与施瓦茨（Schwartz）先生有一场棘手的谈话，需要集中精力。我到底为什么睡不着？！"他轻轻翻了个身，可光是想到明天的会谈，就觉得自己胃痉挛了。"我为什么会介入其中？还不如好好地做我的业务员！"他内心不止一次后悔接受老板提供的晋升机会。

　　如今，奥利弗晋升为科长已经9个月了。自那之后，他感觉自身状态越来越糟。他曾经很喜欢自己的工作，可如今每天早上开车去上班时他总觉得很别扭。他食欲不振，夜晚睡眠也差。刚开始，这种变化还没让他觉得不安，他只觉得这是正常现象，毕竟他需要时间适应新的职位。可是，随着时间的流逝，他身上那种被苛求的感受和追求成功的压力非但没有减轻，反而越来越强烈。虽然奥利弗获得了老板的好评，但是他每完成一项任务，每获得一次称赞，都反而感觉自己压力倍增。

"我到底该怎么办？"奥利弗绝望地扪心自问，"我觉得自己每况愈下。如果不做任何改变，我可能会因此得病。我不能再这样继续下去，可我又不能让我的老板失望！而且，如果我辞职不干，我的妻子和母亲会怎么看我？她们也会对我失望。没人了解我的真实情况。所有人都认为，我自信满满又吃苦耐劳。我不忍把真相向他们和盘托出。"

奥利弗的内心有一面哈哈镜。不管他取得怎样的成功，不管他获得多少赏识，不管他的晋升速度有多快，他内心都坚信自己根本不该获得这些认可。更糟糕的是，他获得的表扬越多，恐惧就越多。他害怕自己哪天会露馅儿。工作上越成功，他的自我感受就越糟糕。冒名顶替综合征一个非常重要的特征就是，成功并不会带来自信心的增强，反而会引起更多的恐惧和自我怀疑。

这根本不合逻辑。我们通常从各种经验和行为引发的结果习得认知，行为主义心理学家称之为"操作条件反射"。比如，我们恐惧做报告，但仍旧直面这一挑战，且最终赢得喝彩，我们的恐惧心理就会逐渐消除。由此我们可以总结出，其实对于自己会出丑或让他人失望的担心实在多余。

然而，在具有冒名顶替综合征的人身上，情况并非如此。奥利弗就是典型。他已经在新职位上干了足够长的时间，并且迄今为止都较好地完成了工作。老板对他的表现满意，同事和下属也认可他。他理应认为自己有足够的工作能力。为什么奥利弗的问题非但没有解决，反而愈演愈烈？

对奥利弗来说——或者对你来说——原因绝非仅仅是自我价值感过低。当然，奥利弗的确过低地评价了他的自我价值和能力，一直自我怀疑，但这不足以解释他的心理困扰。那些"仅仅"自我价值感低的人，也会在某一时刻从经验中习得认知，并为获得认可而感到快乐。对于他们而言，好评和成功就是一种对自信心的滋养，自信心会由此增强。

注意！对于有冒名顶替综合征的人而言，事业的成功并不会消除他们对失败的恐惧，反而会加剧恐惧。

为冒名顶替综合征烦恼的人，似乎对这种"自我价值精神食粮"过敏。因为自我价值没有带来精神滋养，反而使我们陷入更强烈的自我怀疑之中。我们无法储存认可与成功，以便日后再次调取。我们的大脑对他人的赏识做了完全不同的处理。倘若成功完成了一项挑战，我们所想的不是："我做得好，我能做到，其他人也是这么认为的。"反而想到的是："我能做到是因为我幸运，不然这事可能会搞砸。或许哪天真的就会搞砸，而现在人们期待我下次也能成功。要是我到时候做不到怎么办？不知道哪天——也许明天——我就露馅儿了！"

倘若你以为，奥利弗或者其他当事人迄今为止的成绩也许太微不足道或无足轻重，才使得他们无法坚信自己的能力，那么我就要证明这是错觉：连那些拥有上百万观众的主讲嘉宾、赚钱高手和获奖演员，也可能有冒名顶替综合征。朱迪·福斯特（Judie Foster）便是其中著名的人物之一。1989年首次获得奥斯卡奖时，她难以置信。她心想，总有人可能会从她手中夺走奖杯，并澄清这只是一个令人遗憾的误会。因为在她看来，梅丽尔·斯特里普（Meryl Streep）比她更有资格获得奥斯卡奖。

你呢？你是否认为朱迪·福斯特是一位伟大的演员，完全有理由获奖呢？如果答案是肯定的，那么你就与大多数人的看法一致。但是朱迪·福斯特更相信自己内心扭曲的形象，而不是几百万名粉丝眼中的她。所以你瞧，即使获得如此巨大的成功，冒名顶替综合征也并非一定可以改善或消除。究其根本，是因为冒名顶替综合征让我们对自己的成功做了与他人的期待完全不同的信息处理。于我们而言，这些成就不是对自身能力的认可，而只是出于偶然。因此，我们担心下一次自己不会再如此幸运。此外，赞赏和褒奖似乎不会使我们逐渐相信自己的能力，反而会增添压力。由于不想让任何人失望，我们的期望值便会越来越高。

> **小心！哈哈镜效应**
>
> 如果你因某项成绩获得认可，这并不意味着之后别人每时每刻都期待你取得类似的成绩，也并不会因为你没有取得这样的成绩而失望。

不断增加的压力只是冒名顶替综合征的一小部分表现。其实，它远不止于此——我们如此相信自己扭曲的认知，甚至认为周围的人迟早也会持有相同的看法。换言之，每当我们获得褒奖或赏识时，就认为是别人弄错了，更有甚者觉得是自己欺骗了别人。因此，我们总觉得自己是一个冒名顶替者，就如这一心理现象被给定的名称那样。我们为这种"冒名顶替"而内疚，担心那些与我们有交集的人会揭穿我们，或者更确切地说，不再被骗。我们最大的担忧就是，不知何时会有人给我们照镜子，在那一刹那，所有人都会看到让我们羞耻的真实形象。突然间露馅儿的恐惧强化了对失败的恐惧，遏制了成功的自豪感。在冒名顶替者眼里，那些成功只能证明一点：我们巧妙地欺骗了别人。

小心！哈哈镜效应

如果你能够再次获得成功，就说明你的成功不仅仅是靠好运，还要靠头脑。当然也有可能，某次成功确实有运气的成分。不过，如果你能多次很好地掌控一个局面，就说明这绝非偶然，而是一种能力的证明——即便你目前尚不相信这一点。

冒名顶替的感觉

点击"发送"键时，马拉的心怦怦直跳：但愿领导对她刚发送的演示文稿没有异议。她理应对此事慢慢上手，但是别人也许三天左右就可以完成这项任务，她却花了两周时间，还每天工作至深夜。马拉精疲力竭，狼狈不堪，疲惫地将自己的脑袋抵在桌面上。"我对这种事情一窍不通，"她轻叹道，"为了不犯愚蠢的错误，我得先吃力地把所有内容都阅读和学习一遍。如果别人知道我的无能，或许我早就被解雇了。"

两年前，马拉大学毕业，成为某编辑部的一名助理。她一直感恩领导一开始就给予她的这份信任。因此，她以火一般的热情对待他人交给她的每项任务。就这样，后来部门里的每个人都认为她抗压能力强，有才华。但是，谁也不知道她有多力不从心。

一小时后，当领导对她做的演示文稿表示极其满意时，马拉才深深地舒了口气。然而，这份轻松并没有维持多久。"所有人都以为，我是女强人，手到擒来，什么都会做，他们认为我稳妥可靠，愿意把一切事务都交给我。可是，他们看走眼了：他们完全没想到，实际上我为这项任务埋头苦干了那么长时间。直到现在都没人察觉，我其实成不了什么事，只不过是做做样子而已。时间一久，我就会承受不了这么大的工作量。到那时，我就会犯错。说不定哪天我就会干一件大蠢事，到时候所有人都会震惊，并失望不已。"

马拉，一如所有冒名顶替者，对于好评的反应与人们期待的完全不同。她不会因为受到表扬而开心并接受，反而会在短暂的放松后感觉更别扭和难受。这是因为她深信，自己根本没有资格获得人们的认可，毕竟她为了完成这项任务不得不延长工作时间，并耗费过多的精力。

马拉会这样，是因为她上了认知误区的当。这种误区往往是冒名顶替综合征造成的：她以为，只有不额外花力气就能掌握知识，成功唾手可得的人，才算聪明或能干。一旦不能马上理解某事，而是要花时间研究，她便觉得自己无能。然而，她没有意识到，每一项成就的背后都是辛勤的付出和大量的汗水。对于"有能力"的理解，马拉仍像个小孩子：她认为只有"会做"和"不会"，如果她必须为某件事花费时间和精力，便是无能。

持这种看法的马拉，属于天才型——冒名顶替综合征的一种类型。研究人员根据冒名顶替者几种常见的特定思维模式进行分类。按照这种分类方式，马拉也属于完美主义者型。这两点都是她感觉自己像个骗子的原因。完美主义者认为，只有完美地取得一项成就，才算能干。如果还能做得更好，"好"便还不足够。在工作上，即便获得了赞誉，但是只要发现一个微小的错误或不足，他们就无法接受那些赞誉。基于对自己的高要求，完美主义者要比别人花费更多的时间和精力来完成一项工作。拿一次专题演示来说，即便很多人都觉得已经足够好了，完美主义者还是会苛求每一个细节都要恰到好处。这种苛求还会产生其他影响：投入大量时间之后，完美主义者感觉自己似乎在自欺欺人。如果他们像马拉一样，同时属于天才型，那么这种感觉会更加强烈。

与马拉不一样，奥利弗属于专家型。尽管他的业绩和能力使他得到了晋升，但是他罔顾这些因素，仍旧认为自己在新职位上不够称职。因此，就算奥利弗在业余时间不断学习，参加各种研讨会，阅读专业文献，慢慢地真成了所在领域的专家，但是他自己仍认识不到这一点。因为在他看来，专家必须无所不知，至少应该拥有较高的知识和能力水平。结果他越努力，越将那根专家测定标杆往上移，一再上移到对他而言遥不可及的地方。倘若别人称他为专家，他就压力倍增，感觉自己简直就像一个骗子。

奥利弗还有点儿偏独行侠型。他认为，得靠自己一人获得成功。他似乎从来不求助于他人，因为那样就会显得他不像人们想的那样有能力，他的成绩便没有了价值。即使在所有人都认为他的工作量明显过大，超出独自完成的范围时，他还是持有这种观点。结果，他只能获得次优成果。不管他是否求助，这两者似乎都只能"证明"他的无能。这是一个进退两难的思维陷阱。

还有最后一种类型——超级英雄型。这种类型与完美主义者型类似。因为他们期待自己在人生的方方面面——不仅在事业方面——都有最佳成就：住房装修得尽善尽美，家庭生活事事如意，孩子乖巧听话、举止得体，朋友全是精英，财务状况井然有序。他们想像杂技演员一样巧妙地同时玩转几个球。一旦人生的某一方面稍不符合他们的要求，他们就觉得自己是一个失败者。

注意！冒名顶替综合征共有 5 种不同的类型，分别是天才型、完美主义者型、超级英雄型、专家型和独行侠型。这 5 种类型按照当事人对能力的不同理解来加以区分。

这 5 种类型有一个共同点：他们对"有能力"这一概念有着超乎想象的错误理解。即使他们取得了巨大的成就，让所有人钦佩，他们也仍有这样的错误理解。这一方面是基于他们永远无法实现的过高期待，另一方面则是因为这种想法如此根深蒂固，以至于他们从未对此产生怀疑。

下面概括了冒名顶替综合征的类型及不同类型的人对"有能力"的理解。

天才型

有能力就是不用费劲，事事都轻而易举

典型想法：

> 如果因为某项成绩而获得表扬，我立刻就想："要是他们知道我为此花了多少时间，就不会表扬我了。"

> 真正有才华的人，做任何事情都轻而易举。

> 我常常觉得，为了成功，要做的事情实在太多。

完美主义者型

有能力就是要交出一份完美的答卷

典型想法：

> 虽然我在工作中受到表扬，但是一旦发觉自己有任何瑕疵，我就觉得自己受不起这份表扬。

> 我花很多时间把任务完成得完美无缺，倘若有一项任务最终完成得一般，我就会生气。

> 我害怕自己一旦做错事，别人就会认为我无能。

超级英雄型

有能力就是人生处处是春天

典型想法：

> 我常常对自己感到绝望，因为无论我怎么努力，总有某件事情会被我搞砸。

> 如果听说有人在人生各方面都游刃有余，我就感觉相形见绌。

> 倘若有人钦佩我，我会想："你只是不知道我的私人生活、事业、财务状况是什么样子。"

专家型

有能力就是无所不知

典型想法：

> 我参加了很多研讨班，读了很多书，可我越学越觉得有知识空白。

> 我佩服那些精通专业知识的人，我距离这种水平还差一大截。

> 如果我无法回答某个问题，我就担心提问者对我印象不好。

独行侠型

有能力就是独自一人做出成绩

典型想法：

> 我避免向他人求助或接受他人的帮助，因为这听上去有点儿像作弊。

> 真正的伟人都是独自一人取得成就的。

> 倘若成功也有别人的功劳，我就不能接受褒奖。

小心！哈哈镜效应

有能力指的不是什么都不用做，成功便唾手可得，也不是必须在不求助他人的前提下取得成绩。

你既不必样样都懂，也无须完美无缺。

另外，你更不应该期待自己在人生的方方面面都能取得骄人的成绩。

冒名顶替的困境

通常情况下，我们会从各种反馈中获得认知。一般来说，一个人获得的认可越多，对自身能力的怀疑就越少。当我们一而再，再而三地听到别人夸赞自己时，这种认知一定会于某时在我们的脑海里打下烙印，不是吗？按理来说，有朝一日我们会醒悟过来：不是所有人都受了欺骗，而是我们本人是有着特定思维模式的逆行者。可惜，现实并非如此。

有冒名顶替综合征的人非常抗拒认知的习得。不管获得多少赏识，获得哪些称号，我们总以为这一切都与本人的表现毫不相干。

马拉解释说，她获得那些好评，不是因为她的能力，而是因为她的努力。为了不让自己出丑，她做了过于充分的准备。由于害怕被人视为无能的人，她对自己所花的超长准备时间秘而不宣。当取得良好成绩并因此获得表扬时，她只会觉得羞耻，因为她坚信自己根本没资格获得赏识。因此，好评并未使她更加相信自己，反而强化了那种不知何时就会露馅儿的担忧。

奥利弗对他的成功也另有解释。他认真，有同理心，重视与每个人友好相处，所以同事们对他评价很高。也正因如此，奥利弗坚信，他获得晋升是因为受人欢迎，而非基于他的能力。他既不想让老板失望，也不想让下属失望，由此深陷压力的泥潭。他获得的赏识越多，对有朝一日无法再实现别人对他的期待的恐惧就越强烈。

注意！具有冒名顶替综合征的人坚信自己无能，总是对自己的成功做出不同的解释，并在获得赏识时感觉像在欺骗别人。

迷信也会让人低估自身的价值和成就。有些人坚信，他们的成功或是机缘巧合，或是命运的安排。自己能通过考试，只是因为这场考试正巧安排在他们的幸运日进行。成功获聘，是因为他们事前进行了祈祷。他们能获得成功靠的不是自身的能力，而是无数的其他因素。在解释为什么无能，却能获得成功方面，具有冒名顶替综合征的人极具独创性。

当他们陷入冒名顶替综合征的困境时，会找到几千条理由来证明自己对赏识完全受之有愧。人们对他们的印象越好，他们就越不自在，只是因为他们感觉自己是以不正当的手段骗取了人们的赏识，蒙骗了所有人。

你可以测试一下自己对于表扬的反应如何。假设你从领导那里获得如下反馈："我一直很信赖你！你是我最得力的下属。"此时你的脑海中会有哪些想法飘过？

一个没有冒名顶替综合征的人，会轻松地享受这样的表扬，或许他会想："哇！这件事连领导都关注了，那我真的做得相当好。"但是具有冒名顶替综合征的人的想法完全不同："天啊！他开始信任我了。不过其他同事比我优秀多了，但愿他没有发觉我其实并不如他想的那么好。为了不让领导失望，我绝不可以犯错。这真是压力太大了！"

认识到两者的区别了吗？第一种情况，员工认为领导说得对，领导的赏识是对他能力的肯定。第二种情况则截然相反，员工怀疑领导的判断，领导的赏识让他害怕暴露自己的"无能"。

小心！哈哈镜效应

　　获得积极的肯定，并不意味着你在牵着别人的鼻子走，故意让别人对你的能力产生错觉。一般情况下，大多数人对于谁只是佯装博学，谁真正有能力，还是很有鉴别力的。请相信他们！

　　为什么哪怕获得了无数次的赞赏和认可，我们还是会以为其他所有人都弄错了呢？为什么即使非常显而易见，我们也不会觉得是自己想错了呢？原因就在于我们内心的哈哈镜。我们一直拿自身的短处与别人的长处做比较。不管拥有什么样的能力，我们内心的镜子展示的都是那些与自己一样优秀甚至比自己更优秀的人，而那些比我们差的人镜子却从不呈现。也就是说，镜子放大了他人的成绩，却缩小了我们自身的成绩。

小心！哈哈镜效应

　　如果有人比你优秀，并不意味着你能力欠佳。你可以观察一下，那人是否真的是在所有方面都比你优秀，还是只是在某一领域胜过你。

　　再者，我们所做的比较并不全面，只是零敲碎打。比如，我们与远不如自己有经验却苗条纤瘦的年轻女同事比身材，与那位已有20年工作经验的胖胖的男同事比学识。我们从未想过："那位女同事虽然看着很美，但论经验，我可比她强。"也不曾想过："那位男同事就经验而言，略胜我一筹。不过从身材管理方面来看，我可以跟他一较高下。"骗人的镜子不是这样呈现的。这面镜子一再呈现的视角，只会让我们看上去渺小且无足轻重，并且它隐藏了其他视角。通过这种有失公允的单方面比较，我们必然会得出这样的结论：我的学识不够渊博，身材不够苗条，在其他方面也有所欠缺。

另外，已将冒名顶替综合征内化的人，常常有着一些不切实际的想法："倘若我犯错了，就表明我不适合这份工作""如果还能做得更好，那我现在的成绩就还不够好""只有做起所有事情都能易如反掌、毫不费力，我才算聪明"。这也是让我们觉得自己无能的一些原因。

我们根本无法实现诸如此类的过高期待，所以才会一而再，再而三地对自己以及自己的无能感到绝望，继而产生这种为了不让所有人失望而欺骗所有人的感觉。具有冒名顶替综合征的人很会欺骗人——但欺骗的总是自己。

小心！哈哈镜效应

除了你本人，没有人期待你样样都懂，样样都会。只要你一直抱有这种过高的期待，你就会一直认为自己有所欠缺。

一种广为流传的心理现象

也许直到刚才你还觉得只有自己有这样的问题，而且这仅仅是因为你的个性，你对此无能为力。当年保琳·克朗斯（Pauline Clance）也有相同的观点。她研读心理学时，一直感觉自己不适合这个专业。她认为自己没有其他同学聪明，自问当初究竟是否有资格获得这个学习的机会，是否这个机会给别人会更好。那时，她虽然成绩良好，却因自我怀疑和不安而饱受折磨。与她的自我评价相反的是，她以优良的成绩完成了学业，并在俄亥俄州的奥柏林学院（Oberlin College）找到了一份讲师兼心理咨询师的工作。

在那份工作中，她遇到了一些与她情况类似的人。许多女生在咨询谈话中向她吐露心声：她们都有着面对其他人时的自卑感，对无法完成学业的担忧。令人吃惊的是，那些都是非常聪明的女生，她们很有能力，成绩又好。那些女生获得过他人的肯定和认可，也拥有聪明才智，为什么还是不能认识到这个有目共睹的事实，并消除自我怀疑呢？这与行为主义心理学的所有原理相矛盾。于是，保琳着手就此问题进行深入研究，并与同事苏珊·艾姆斯（Suzanne Imes）一起，于20世纪80年代初首创了"冒名顶替综合征"这个概念。自此，人们对这一心理现象的了解开始逐渐增加。

这种心理现象远比人们认为的要常见。据估计，至少有一半的人在成功初期有过这样的感觉：自己不配获得成功，恐惧某一天自己的无能会被别人发现。但是出于羞耻，他们隐藏了这些想法。此外，这种现象不仅发生在女性身上，同样也波及男性，且比例相当，只是男性鲜少提及这种现象。

尽管我在本书开头曾提过这一点，但是我在这里还要重申：冒名顶替综合征既不单单涉及自我价值感问题，也不等同于过度的自我批评，它明显更加错综复杂。虽然自我价值感低、不断的自我批评以及对失败的恐惧和因成功感到有压力，都属于这一类现象，但实际上，内心的哈哈镜是由许多不同层面组成的。它们互相作用，并完全扭曲了人们对自我的评估。这一错误的镜像还会影响人们的生活质量、自我认知，有时甚至会影响心理健康。而具有冒名顶替综合征，并非一定就是得病了（这是一种心理现象，而非生理性疾病）。不过，在特定情况下，它会引起诸如抑郁或恐惧障碍之类的心理困扰。虽然它本身不具有疾病特征，但它还是会给人们造成相当大的痛苦。受困者会持续处于一种紧张状态，无法享受成功的喜悦，时刻害怕被戳穿。受困者越成功，自我价值感就越低。具有冒名顶替综合征的人，因为对自己的能力没有信心，往往会在职业生涯中局限于自己的能力之下；倘若获得晋升，则会产生很强的应激反应。

所以，我们一起努力，做出一些改变吧！在接下来的章节中，我将向你说明具有冒名顶替综合征的人有哪些特点，其中我们可以改变的又有哪些。

当然，这需要你先行动起来。在每一章的结尾部分，我都会邀请你做一个自我剖析，并将所学应用到生活中去。要想知道自己受冒名顶替综合征的影响有多大，请根据下列问题进行自测。

自我反省

冒名顶替综合征在我身上有哪些表现形式？

> 过去几年我的职业发展情况如何？处于不同的发展阶段时，我的心理感受如何？

> 我还怀念职业生涯刚起步，没有人对我有所期待的时期吗？如果答案是肯定的，那相较于当年，现在有什么变糟了？

> 我的自我怀疑是如何形成的？

> 这些自我怀疑是否随着工作年限的增长不减反增？

> 为什么别人眼中的我比我自己眼中的我更重要？

> 我如何定义"有能力"这个词？为什么我会认为自己没有能力？

> 哪些情境下我恐惧犯错，恐惧让别人失望？

> 这些情境发生前或发生过程中，我有什么样的身体反应？

> 我最害怕收到别人的什么评价？

> 受到好评后我会有什么反应？

> 我如何对待他人的期待？

第二章　多层面问题

　　"冒名顶替综合征……"马拉目瞪口呆地看着企业心理咨询师说道。她纠结了很长一段时间，到底该不该将自己的担忧和日趋严重的精神负担向心理咨询师诉说。在心理咨询师明确表示即使在他的领导和同事面前也会谨守保密义务之后，她最终向他倾诉了自己的困惑。

　　"您是说……"马拉再次开口问道，"我生病了？""哦，不是的，我可能没有表达清楚。"坐在马拉对面的男士缓缓地抬起双手以示安抚，并且和颜悦色地看着她说道："这不是一种疾病，而是一种解释，解释为什么您虽然很有能力，却一再怀疑自我的这种现象。在我看来，您的担忧毫无缘由。另外，您绝不是唯一一个有这种问题的人。""那我真的是那样的吗？我是指，我真的有能力吗？"马拉问道，"若真是如此，为什么别人能够看到，我自己却不能呢？您为什么能如此确定别人比我自己更了解我和我的能力？没有人会比我更了解自己。"马拉摆弄着自己的手提袋，几乎不敢抬头看坐在对面的心理咨询师。她十分希望心理咨询师说的是对的。她渴望获得有力的证据，渴望那些证据不容辩驳地证明她不是没有能力的人。与此同时，她又害怕连心理咨询师也帮不了她。"您提的都是好问题，"心理咨询师思索了一会儿重新开口道，"我会向您解释有冒名顶替综合征的人会有哪些表现。不过说来话长，因为情况十分错综复杂。"

冒名顶替综合征的确是一个错综复杂的问题——确切地说，是一个多层面的问题。因为人内心的哈哈镜是由多个层面构成的。每一个层面均与下一层面相联结，设法使自我镜像更扭曲，同时又更具说服力。只有所有层面相互作用，才能形成冒名顶替者的完整镜像。

与引子中童话的结局不同，我们无法简单地砸碎这面镜子，而是必须一层层地将它剥离铲除。这是一件漫长乏味却又非常值得去做的事。因为每铲除一层，我们就会感觉自己有所改善，自我镜像也会因此得到明显的改变。

第一层面：我们的感知

一面真实的镜子主要由一片薄玻璃构成。薄玻璃一方面能保护下面的反射层，另一方面能让光穿透。光透过玻璃到达反射层，并由此反射出来。和真实的镜子一样，我们内心的镜子也有一种像玻璃一样的传导介质，那就是我们的感知。我们通过眼睛、耳朵和其他感官接收周围的各种刺激，将它们传递给大脑。与真实的镜子不同的是，我们内心的镜子不会传递所有的刺激，因为我们会无意识地对那些刺激进行筛选。

你知道密集型生活画[①]吗？那是一种由许多细小的场景和无数的细节组合而成的大幅画面。在我小时候，它很受欢迎。那时候，我可以连续几个小时翻看那些图片，却会一再发现新的图案细节。如果你有这样一幅密集型生活画（也可以从网上下载），不妨自己测试一下：注视这幅画3秒钟，然后闭上眼睛。接着，闭着眼睛将你注意到的细节描述出来。描述结束后，将画传给另一位参与者，并给他布置同样的任务。或许那位参与者会指出其他细节。如果对第三位和第四位参与者进行相同的测试，你就会发现，他们描述的细节也有所不同。这是因为我们的眼睛虽然会在短时刺激下攫取很多信息，但是大脑只处理其中一部分——它优先选取我们认为重要的那些信息。

从上述观看密集型生活画的例子可以看出，不同的人存储不同的信息。由此我们可以得出结论：每个人及其大脑对于事物的重要程度有不同的衡量标准。可是，我们在无意识的状态下，是以哪些原则来决定一件事是重要还是不重要呢？

注意！一般而言，我们的感知优先集中于最令我们恐惧的事物。对有冒名顶替综合征的人来说，这会强化他们对自己不好的看法。

---

① 密集型生活画：德国一种用厚纸板制作的画，尺寸一般大于A4纸，多是将十几种与动物园、农舍、城镇相连的日常生活场景展现在一幅画面上，因画面中密集地展示包括人物、动物和物品在内的各种细节而得名。——译者注

我们的大脑首先会处理那些对我们而言有一定意义的信号，特别是在我们濒临险境或是有某种强烈需求的时候。某个正在节食的人，会突然觉得到处都是巧克力，因为他此刻尤其渴望甜品。当蜘蛛出现时，有蜘蛛恐惧症的人远比那些对这种 8 条腿的生物熟视无睹的人要早一些发觉。

我们内心哈哈镜的作用原理与此完全相同。我们首先接收到的是那些有威胁的刺激，并由此强化我们已有的自我镜像。我们认为自己是骗子，害怕让别人误会，甚至让别人失望，只要对面的人皱一下眉头或身体拉开一定距离，我们立刻就会察觉到。如果我们担心做报告时会脸红或结巴，就会对自己身体的变化更加敏感，就算是体温稍微上升一点点，也能有所察觉。如果我们最大的担忧在于不能赶上别人的步伐，我们就会关注其他人的长处，而只看到自身的短处。

小心！哈哈镜效应

倘若你发觉自己有很多缺陷和弱点，这并不代表你本人的实际能力，而是说明你对犯错和展示弱点感到恐惧。

倘若你在他人身上看到突出的成绩，这并不说明他们确实比你好，而是说明你害怕他们可能比你好。

刚开始做心理咨询师时，在与患者接触方面，我感觉自己阅历不深，很不自信。我清楚地记得，有一次我与一位几乎与我同时入职的女同事一起与患者家属谈话，向他们阐述接下来的治疗步骤。那次谈话后，我和那位同事小坐并讨论了一下，以回顾整个谈话过程。当时，我很开心同事能跟我一起参加谈话，因为她用清晰的话语传递了重要的信息，我说的话却一再不着边际，离题千里。当我告诉同事这一感受时，她却吃惊地盯着我说："怎么可能？"接着，她说："我居然跟你有一样的感觉，但说话不着边际、跑题的人是我才对！"这也是我第一次真正意识到不能总是相信自己的感知。

我们将注意力放在可能存在的威胁上，也就完全自动地强化了自己的内心镜像。我们害怕自己做得不够好，便会注意到所有暗示这种危险的信号。于是，在无意识的状态下，我们收集了证明自己无能的证据，却常常过滤掉那些对于自己而言更客观或积极的提示。那些东西在我们看来无关紧要，就像当我们与一头猛虎对峙时，无法察觉到周围那些美丽的鲜花。

请自测一下

你的感知是什么样的？

> 每晚将白天发生的事情用几个关键词记录下来。你记得白天发生的什么事？积极的感受多，还是消极的感受多？今天你获得了哪些赞赏？犯了哪些错？

> 你可以立刻想起哪些重要的生活事件？这些事件是好还是坏？你在其中扮演了什么角色？是像英雄一样闪耀，还是一个悲剧形象？

> 你所记录和存储在大脑中的东西，是形成对自己的基本看法和自我镜像的首要依据。现在思考一下，你如何看待自己的成绩和能力？你更容易看到自己的长处还是短处？更容易发觉他人的成就还是错误？

第二层面：我们的评价

对一面真实的镜子来说，玻璃后面便是反射层，通常为薄薄的一层镀银层。光透过玻璃照在镀银层上，并被镀银层反射。反射光进入眼中在视网膜中形成视觉。

我们心中的哈哈镜又是什么样的呢？镀银层就相当于我们的认知处理，即大脑中产生的对事物的想法和诠释。用一个恰当的词来表述，就是我们对印象的"反射"，也可以称为"反映"。然而，大脑的工作不会完美无缺，而是有某些偏差。这些偏差在有冒名顶替综合征的人身上尤为明显。同时它们也说明，为什么事关自己的成绩时，我们就非常抗拒认知的习得。

通过前文我们已经了解，就算日复一日地收到无数的好评，我们还是会更相信自己内心的哈哈镜。那些让人印象深刻的成就和数不胜数的赞誉都无法让我们清除消极的自我镜像，更无法转变思想。这是因为有冒名顶替综合征的人的思维方式出了错：出发点太过理想；所做比较并不公允；对成功的解释不同于对失败的解释。他们认为但凡事情未做到百分之百的好，就是没做好——但仅对他们自己而言!

设想一下，你完成了一项工作。你对各种事实做了 40 多页的分析和评价，得出结论并做了总结。在递交工作成果之后，你发现有两个错别字。此时，你如何看待这份工作的价值？

或者换一个情境：你正在做报告。你准确无误地讲了 20 多分钟，没有出现任何语无伦次的情况，并看到听众都在认真倾听。报告结束后，他们向你提了诸多问题，其中一个你无法回答并开始结巴。此时，你如何评价你的整体表现？

当上面两种情境出现时，你很有可能会一下子质疑自己所有的工作成绩。两个错别字比你用 40 多页分析得出的所有结论的权重都要高。一场出色的报告，就因为你不清楚一个提问的答案，而变得一文不值。

这种极端想法在那些完美主义者身上尤为常见，当然也会在其他人身上出现。我们的大脑很容易将世界划分成泾渭分明的两种类别，如"好"或者"坏"。我们反复在非黑即白的陷阱里摸索：不管面临的挑战有多大，只有完美无瑕地完成任务，取得的成绩才有价值。同样，当我们被上千条提问纠缠时，也只有完美地回答出所有问题，才算能力过硬，才算有本事。我们对自己的要求如此之高，以致注定"失败"。倘若这种想法过于强大，并且让我们深陷其中，完美主义者就诞生了。

注意！ 非黑即白的思维（也称"二分法思维"）常常出现在有冒名顶替综合征的人身上。不管成绩多好，若有一点儿瑕疵，在其眼里便一文不值。

有趣的是，我们评判他人成绩的方式却完全不同。一份不是我们自己完成的工作，我们不会只因为里面有两个或许根本发现不了的错别字而对其横加批评。如果一位出色的演讲者无法就某个问题给予答复，我们也不会因此对他全盘否定。

涉及他人时，我们清楚地知道人无完人。我们能识别黑与白之间的灰色调，能允许瑕疵，能给予他人成绩客观的评价。而对于自己，我们看到的却是非黑即白。这就导致我们在与他人的比较中，一直处于劣势，因为我们允许他人犯错，却无法容忍自己犯错。当然，这并非我们在获得肯定时仍不为所动的唯一解释。

另外一个解释是归因方式，也就是我们对事物进行解释的方式不同。我们会将遇到的事都联系到自己身上，或者都归咎于外界，要么认为这是自身的责任，要么认为这是外界的责任。

因此，一个相似的情境往往会引出两种完全不同的诠释。为了形象地说明这一点，我讲一则笑话：一只狗和一只猫相遇，聊到它们的主人。狗说："我的主人喂饱我，抚摸我，给我一个温暖的窝，关心我。他一定是上帝！"猫也有类似的体验，它说："我的小主人喂饱我，抚摸我，给我一个温暖的窝，并关心我。我一定是上帝！"

这两只宠物的对话，显示了完全不同的归因方式。狗向外归因（外向归因方式）。它把自己遭遇的一切归于外部原因，即它获得如此待遇的原因在于主人，而非它本身。与之相反，猫向内归因（内向归因方式）。它有相似的经历，但是将原因归结于自己。因此，我们得到了两个完全不同的解释。

那么在有冒名顶替综合征的人身上，情况又是什么样的呢？我们更愿意内向归因，还是外向归因呢？答案是，既内向又外向。我们会将功成名就归结于外部因素，即自己取得成功是因为运气或他人的帮助。在一个团体中，我们首先将他人视作成绩的贡献者或成功的担保人。遭遇失败时，情况则截然不同，有冒名顶替综合征的人会立刻承担所有责任，并寻找自身失误。也就是说，取得成功时，我们扮演狗的角色；遭遇失败时，我们却转换成猫的角色。

注意！倘若你将每次失败都归咎于自身，而将每次成功都归功于外部因素，则必然会得出"做得不够好"这一结论。

我从朋友那里听到过一种典型的冒名顶替综合征式评估。朋友告诉我，过去她一直以为，只有聪明的人才会在高中毕业考试中取得优良的成绩。"后来我自己参加了高中毕业考试，而且成绩是1分①。从此，我知道自己以前高估了高中毕业考试。要是连我这样的学生都能拿1分，那么这种毕业考试是不可能有人失败的。"瞧，

---

① 德国的高中毕业考试成绩采用5分制，1分最高。——译者注

在贬低自己的成功并坚信自己无能方面，有冒名顶替综合征的人总是独具匠心。

　　大家要知道，归因方式主要与我们是否期待成功相关。如果我们原本预期的是失败，那么我们更倾向于是外部因素或偶然性主导了好的结局。如果我们预期的是成功，则更多地会从我们自身看到成功的原因，而很少考虑外部因素。这就又回到基本认知这一话题，它关乎我们如何评价自己和周围的一切事物。

小心！哈哈镜效应

　　即便犯了错，也不要全盘否定自己的成绩。

　　成功也好，失败也好，都可以用外部因素来解释。倘若认为成功纯粹是因为运气好，那么失败也可能纯粹是因为倒霉。

　　就算你预计自己会失败，这也不代表你对成功受之有愧。你可能低估了自己的能力。

第三层面：我们的情感

一面镜子不仅仅是由玻璃和薄薄的镀银层构成的。如果镀银层暴露在空气中的时间太长，便会变色。镀银层一氧化，镜子就会产生黑斑。因此，镀银层背面还需覆盖一层保护层，以隔绝空气。在我们内心的哈哈镜上，也有一层对外界影响免疫，并让我们坚信自己的基本信念的保护层。否则，多次成功完全有可能让我们的自身镜像朝积极的方向改变，从而最终取代内心的哈哈镜。构建这样一层保护层的正是我们的情感，而且我们对这些情感深信无疑。

不受自身的情感干扰行事，或不受其干扰思考，是一件极其困难的事。我们已经知道，我们的想法和感知会欺骗我们。可惜，仅仅知道这一点还不够。因为心生怀疑时，我们总是宁愿相信我们的情感而非理智。就像你害怕蜘蛛，就算许多动物学家都解释过某类蜘蛛不具危害性，被它们咬一口也绝不会致命，但你还是不愿意去触碰蜘蛛。因为在看见这种动物的那一刻，你的身体就已经出现了强烈的恐惧症状：心悸、颤抖、出汗，你哪里还顾得上那些专家说过什么。因此，遵从情感的逻辑，你得出结论：无论如何都要远离那些 8 条腿的东西，与它们保持距离。

我在治疗厌食症患者时，曾感受过情感的力量有多么强大。我治疗的那些年轻女孩子都坚定地认为自己"太胖了"，即便她们完全清楚自己的身高和体重，即便不管怎么算，她们的身体质量指数都在超轻的那个区间里，甚至趋向最轻。对她们而言，那些测量值，那些几乎无可辩驳的事实一文不值，因为她们感觉自己太胖。相对于明明白白地摆在面前的那些事实，她们更相信自己扭曲的感知和情感。

注意！有冒名顶替综合征的人关注的焦点是恐惧、羞耻和内疚。

我们常把自己的情感视作不可撼动的证据。"我感觉自己太胖，那我就是太胖。""我感觉自己无能，那我很有可能就是如此。"心理学家将这些论证称为"情感型推论"。这类假设只是以自身的情感为依据，而没有客观事实做支撑。尽管如此，我们也不会对此追根究底。因为我们完全不知道，我们的情感会欺骗自己。

有冒名顶替综合征的人一再深陷情感型推论的陷阱。我们注意到脉搏跳动的加快、暴汗和颤抖的体征，感觉到内心演愈烈的恐惧。要是哪次没有获得最佳成绩，我们就会被强烈的羞耻感击溃。应激反应产生的激素在体内呼啸而过，我们迅速将自己调整为警戒状态。在这种激素和情绪超负荷运转的状态之下，仅仅对自己说一句"一切安好，我其实比自己认为的更有能力"，毫无疑问是不够的。此时此刻，这句话完全不具备说服力，因为身体发出的信号恰恰相反。

在这样的状态下，即使获得赞誉，我们也不会相信。只因我们一再感觉自己无能，做得不好，所以认为自己获得好评一定另有原因，一个与能力毫不相干的原因。我们觉得，如果真表现出自己很有能力，并试图令人信服，那我们肯定是一个不折不扣的骗子。

在有冒名顶替综合征的人的所有情感中，恐惧的感受最为强烈。我们害怕失败，害怕知道失败之后别人会如何看待我们。与此同时，我们也害怕成功，因为我们认为别人会期待我们今后也能大展拳脚，做到最好。

此外，我们对自身的无能感到羞耻。每犯一次错，我们便因羞耻感倍受煎熬。这种羞耻强化了我们对再次犯错的恐惧。我们甚至对自己的所思所想感到羞耻。别人看到的我们与我们看到的自己越不一致，羞耻感就越强。这就使得我们无法向他人吐露心声并谈论内心的情感。

这种心理又导致了内疚感的产生。我们终究在他人面前有所隐瞒。至少在我们的感知中，我们欺骗了他们，并由此惴惴不安。收获的赞誉和赏识越多，我们的内疚感就越强烈。内疚感和羞耻感互相影响，更加强化了有朝一日我们的欺骗行为会露馅儿的恐惧感。

因此，我们要对付的是一种危险的消极情感混合状况，同时这3种消极情感又相互强化。想要不受自身情感的影响，形成一种完全不同的自我镜像，很难。

请自测一下

哪些情感影响着你？

> 设想一下，你在众人面前出了一个小纰漏。此时你会产生哪些情感？描述一下这些情感。你身体的具体感受是什么？这些情感如何影响着你和你的自我评估？

> 你面对挑战时会恐惧吗？对此，你害怕的具体是什么？

> 回想一下那些你很清楚自己要做什么，却依旧没有做好的事情。那时候，哪些情感在起作用？

> 回想一个自己犯错的情境，你那时的感觉如何？

> 哪些情境下你的恐惧感、羞耻感或内疚感最为强烈？你认为这些情感合理吗？

第四层面：我们的行为

除保护层外，还有一层使镜子更加坚固的涂层，它也可以使内心的哈哈镜不受到外来影响——我们的行为。一般而言，我们的思想和行为会受到情感的影响。在愉悦、恐惧和愤怒这3种不同的情感状态下，我们在同一个情境中的思考和行为方式也会完全不同。

由此，我们积累了各种体验，这些体验反过来又强化了我们的认知。

如你之前所了解的那样，有冒名顶替综合征的人最恐惧的事是出丑。每次面临挑战，我们都坚信自己无法应对，会犯错。所以，我们将挑战当作一种威胁，身体也随之发出信号：危险！

当处于一种具有威胁性的情境时，我们有不同的自救办法：逃避或抗争。假使既不能逃避，也无法抗争，我们就会呆若木鸡，就像大灰狼面前的小白兔一样。我们能在动物世界里观察到这 3 种行为模式。这 3 种模式已深深地植入人类的基因，一旦危险临近，其中一种模式就会被激活。

注意！当受到威胁时，人们可能会抗争，也可能会逃避或进入木僵①状态。这 3 种行为模式也会在有冒名顶替综合征的人身上出现。

当然，一次专题演示没有做好，我们并不会被任何动物吃掉。即便颜面尽失，生命也不会受到威胁。从理智层面上说，我们完全清楚这一点。可是，在有冒名顶替综合征的人身上，恐惧和羞耻的情感过于强烈，使得我们相信自己甚至会因此死去。我们在大脑里描绘了各种灾难场景：专题演示中发生的所有糟糕的事情以及我们又会怎样被人当作骗子揭穿。

---

① 木僵是指在意识清晰时出现的精神运动性抑制综合征，主要表现为不动、不食、不语等行为抑制。——译者注

倘若有冒名顶替综合征的人不久后再次面临一个令人讨厌的情境，比如一次报告或一场考试，我们的第一个本能反应便是逃避，最好告病缺席，甚至盘算着干脆辞职。当然，大多数人不会考虑用这样的方式逃避，因为这毕竟不是长久之计，况且我们也不想令领导、同事或家人失望，而且，逃避似乎就意味着承认自己能力不足。即使逃避的冲动很强烈，有时甚至强烈到令我们生病，我们也不会因此屈服。那么剩下的办法就只有抗争或者进入木僵状态。

面面俱到

有冒名顶替综合征的人经常采用的一种策略是，为弥补自己所感觉的能力不足投入过多的精力。换句话说，我们准备抗争。马拉也属于这种"反应过激者"。为了展示最佳业绩，避免犯错，她常常工作至深夜。为了取得好成绩，反应过激者会投入非常多的时间。他们设法尽可能广泛地汲取知识，尽可能细致地推敲行文，考虑可能出现的各种情况以及如何应对，意欲借此建立起一种安全可控的感觉。可遗憾的是，他们的策略往往适得其反。一方面，反应过激者过分地苛求自己，在面面俱到的准备工作上耗费了过多的时间，实际上他们更需要用那些时间来放松自己和恢复体力。另一方面，这种策略并未带来反应过激者所期望的安全感，甚至反而增强了他们的不安。因为反应过激者从未达到目标。汲取的知识越多，他们就越发觉自己的知识有空白，因为伴随每一个答案而来的又是另一串无法回答的问题。也就是说，那些害怕被人揭穿某一方面存在知识空白的人，会发现越来越多的知识盲区。尽管这些知识与核心主题只沾了那么一点儿边，但是有冒名顶替综合征的人只会觉得自己所知甚少，对因知识盲区而出丑的恐惧随着准备工作的增加而不断增强。

　　这种策略的另一个缺点是，要是他们成功地掌控了局面，增强的不是自信心，更多的是对下一次挑战的恐惧。反应过激者此刻确信一点：自己之所以获得成功，是因为之前做了全面的准备。于是，对于下一次任务，他们至少会投入同样多的时间。照这样下去，我们永远不会获得这样一种体验——即使不花那么多时间去做周到细致的准备，也足以做好事情，而且这样过度烦琐的准备过程注定了我们最后会精疲力竭。此外，"我是骗子"的感觉也因此得以强化，因为反应过激者始终觉得自己蒙骗了别人：相比他人，自己事先做了更深入的准备，只是因为羞耻而隐瞒了这一事实。就这样，他们感觉自己更加像一个骗子。

小心！哈哈镜效应

　　充分准备并不意味着得花数月时间绞尽脑汁，每时每刻都思考某个议题。或许你面面俱到，反而会更加不知所措。不要将成功仅仅归结为做了深入的准备。

陷入木僵状态

　　"反应迟缓者"正好与反应过激者相反。他们感觉自己完全没有能力去抗争或逃避。因此，他们在面临威胁时呆若木鸡，无所适从。

奥利弗就是这样一个反应迟缓者。想到自己要主持下一次员工大会，他茫然无措。每一次尝试着手准备都会导致一种心理阻滞。随着时间的流逝，他惴惴不安、失眠，却无法找到一种正确处理情绪的对策。

反应迟缓者倾向于将令人讨厌的事情束之高阁。一想到日益临近的挑战，他们就会恐惧得犹如瘫痪一般无能为力，草草准备，甚至临时抱佛脚。那么，这种行为又会带来什么后果呢？它是否比过分积极地一头扎入准备工作中更好？遗憾的是，并不是这样。因为在此期间，反应迟缓者的内心一直在抗争。他们试图从令人麻木的恐惧中解脱出来，却被恐惧缠绕得越来越紧，除了日益临近的威胁，他们几乎无法思考其他事情。倘若最后成功地掌控了局面，也不会觉得放松，而是感到羞耻。他们不会想："瞧，无须特地花精力去做，事情也能成功。"相反，他们只会看到自身的各种不足，并为事先无法做好充分的准备生自己的气。他们认为，假如做了充分的准备，自己会取得更好的成绩。如此一来，反应迟缓者更觉得自己是骗子，而且想到曾经的木僵状态，他们认为自己还真不配得到他人的赏赞，一旦别人知道自己之前行事如何失态，那嘲笑就会取代赏赞。所以，反应迟缓者虽然获得了成功，却依旧自我感觉差劲。

注意！不能掌控某个局面的想法，会导致过度代偿或木僵化，这两种行为又会再次强化"自己其实是个骗子"的感觉。

缺乏充分的准备，当然也可能导致专题演示、考试等确实完成得不够好的情况。这种体验令人备感煎熬，同样也会强化自己无能和不适合该岗位工作的基本信念。

你瞧，有冒名顶替综合征的人不管选择哪种策略，告病（逃避）、过分准备（抗争）或是无所适从（进入木僵状态），"我是骗子"的想法都只会越来越强烈。这是一场不管怎么玩都不会赢的游戏。

这不值一提

另外，有冒名顶替综合征的人还有一种典型的行为：把他人赞赏的影响力最小化。我们会向别人解释自己所做的事其实根本不难，对方肯定也能取得类似的好成绩。我在工作中频繁遇到这样的人，他们在获得好评时甚至会觉得难堪。这种情况甚至还发生在我的心理咨询师同人身上。如果我赞美他们，大多数同人也常常设法冷处理这种赞美。接受表扬似乎是不被允许，或者简直是不正确的事——这种说法毫不夸张。我们内心坚信，绝不能骄傲自满。而且，我们对自己有着如此不好的看法，根本无法想象自己值得表扬，感觉自己更像是骗取了赞美。所以，我们几乎条件反射一样断然地拒绝接受别人的赞美。回绝了他人的赞美，意味着既在他人面前，也在自己面前贬低了自己的成绩。通过这种方式，我们第一时间对好评做所谓的"无害化处理"，使得好评完全不能撼动我们内心的哈哈镜。

　　现在，你已经了解了关于感知、评价、情感和行为的共同作用。请在本章结束前花点儿时间，再次深入分析一下前文提到的各个因素。检查一下，你的冒名顶替综合征程度有多少？你内心的哈哈镜在哪一层面的特点尤为明显？

自我反省

我是否真的像冒名顶替者那样思考、感觉和行动？

请再仔细看一遍你对于每项自测给出的答案。那些答案就是对以下这些问题的重要解答。

> 冒名顶替综合征的哪一层面的特点在我身上表现得最为明显？

> 我的感知集中在什么地方？

> 我曾发现自己有哪些思维错误？

> 内疚感、羞耻感和恐惧感对我的思维和行动有多大影响？

> 我身上典型的冒名顶替综合征表现是什么？

第三章　冒名顶替综合征的产生

"奥利弗？！还不快来！饭菜都凉了。"奥利弗叹了口气，放下书。他此时正巧看到一段非常重要的内容，欲罢不能。瞥了眼挂钟，他吃惊地发觉，过去两小时简直是光阴似箭。他从未想到一本关于冒名顶替综合征的书可以如此引人入胜。"哎，你知道吗，冒名顶替综合征常常源自童年。"他一边往餐盘中盛肉和土豆，一边开口说道，"当然，我觉得这种自我怀疑总有原因。可之前我一直以为这是我人格的一部分，是与生俱来的。不过，这本书里说，童年的某些事件会导致这种现象的发生。""对于你的这种情况，我毫不奇怪。"彼得拉（Petra）回答道。她将刀叉放于餐盘两边，双手交叠，以探究的目光深深地打量着奥利弗。"你告诉我，你在父母离婚后的很长一段时间里仍背着相当大的思想包袱。我想，是时候甩掉包袱了。""你是说……"奥利弗欲言又止。"去做心理咨询吧。

我相信，那有助于你理顺所有事情，并获得新的认知。为了你自己，为了可以最终了断旧事，也为了可以更好地应对你跟我说过的自我怀疑心理。"

夫妻俩默默地用餐，沉浸在各自的思绪里，吃了好久。奥利弗的脑海里闪过童年时期的一幅幅画面。直面过去，也许的确有其意义，届时他或许可以从失败的恐惧中解脱出来。奥利弗觉得，不妨试一试，明天就找找周边有哪些合适的心理咨询师。

也许你会提出和奥利弗一样的问题：冒名顶替综合征到底是如何出现在我身上的？我的内心怎么会拥有这样一面哈哈镜，一面总是展现自己的缺陷和弱点，却永远不会呈现自己的成功的哈哈镜？我是否一直通过这面哈哈镜来感知这个世界？或者说，我在童年时发生过什么极其糟糕的事情？

我们研究冒名顶替综合征时经常会遇到诸如此类的问题。这些问题问得很好，因为如果想真正理解自己的想法和情感，就必须了解它们的源头。它们并非凭空而来。一如我们的成长、身份的形成以及各种体验造就了现在的我们，冒名顶替综合征也是基于我们的各种经历，尤其是经历的方式而形成的。另外，我们对所经历事件的诠释也起着重要作用，而且怎样诠释在很大程度上又取决于人格。

冒名顶替的人格特征

当保琳与她的同事苏珊一起研究冒名顶替综合征时，两位女士提出了同样的疑问，以追究这种扭曲感知的根源。她们试图探究人格是否对此起决定性的作用，又或者是否有某种特定人格会造成冒名顶替综合征的出现。她们研究的结果为：不存在"典型的冒名顶替者"。但是她们在冒名顶替者身上一再发现某些特定的人格特征，这些人格特征使得这些人更轻易地相信他们内心的哈哈镜——那些自我价值感低、内向、追求完美以及缺乏自信的人，尤其容易出现冒名顶替综合征。下面，让我们来一一阐明冒名顶替综合征这杯"鸡尾酒"的具体配料。

图 3-1　冒名顶替者的四种人格特征

内向

有些人在社交场合中很活跃，他们很喜欢在人堆里逗留，并由此汲取充沛的精力。他们是一个团体的灵魂人物。他们不知疲倦地谈论着各种话题，常常是小范围闲聊的能手。我们称这种人为外向的人。

内向的人则与之相反。他们总是一再需要独处的时间来养精蓄锐。在社交场合中他们往往感觉心情不畅，精疲力竭。更确切地说，他们总有一种被围绕在身边的人榨干的感觉。他们很难与人闲聊解闷，而更喜欢自我沉思，独自解决事情。

你认为，外向还是内向的人更容易自我怀疑，更容易受内心哈哈镜的怂恿呢？——当然是内向的人。因为他们很少与人分享，不喜欢向周围的人倾诉，几乎从不谈论自己的想法。由此，他们更可能形成不同的认知，并且审视自我感知在多大程度上与他人的感知相一致。正如开篇的童话所述，他们很可能理所当然地认为，他们内心的哈哈镜展示的镜像是真实的。

注意！内向的人常常缺失外来反馈，由此缺失了纠正对自身错误认知的机会。

倘若前提就不正确——例如对自我的基本认知是错误的——则必然会得出错误的结论。这似乎有点儿像假设"1+1=3"，就算之后的所有演算都是连贯且合乎逻辑的，得出的结果也还是错误的。可是，如果别人不向你指出你一开始就出错了，你根本不会深究，而只是奇怪，为何你的答案总是与他人的不同。

请自测一下

你是偏内向的人还是偏外向的人？

> 你是否认为社交是在消耗你的精力，还是只有在人堆里你才能真正地活跃起来？

> 你能独处吗，还是你独处时会很快感觉心绪不宁？

> 你更愿意自己解决问题，还是喜欢频繁咨询别人的建议？

> 是否有人了解你内心深处的所思所想？为了获得对自身处
  境的另一种认知，你会向谁倾诉？

完美主义

另外一种人格特征很容易让个体感觉自身存在很多缺陷，那就是"完美主义"。许多完美主义者做事都很认真，他们一心想要取得最佳结果，为将工作优化到每一个细节都准确无误而乐此不疲。在某些完美主义者身上，这种尽善尽美的迫切渴望强烈到他们不允许任何错误发生。有完美主义倾向的人看到的总是那些还能改进的工作，而很少在意尽可能好地完成了工作所带来的愉悦感。相反，他们受着恐惧的折磨，恐惧被人发现错误，也因此无法达到他们对自己设定的过高要求。

就如你从第一章了解的那样，有些完美主义者认为，只有工作毫无缺陷，那才算有真本事。换言之，每一个细微的疏忽都将成为他们无能的明证。他们擅长在自己身上找错——随之而来的结果便是，他们总是能发现某个错误，甚至连丁点儿的瑕疵也会给予过度重视。可如果他们发觉自身到处都存在改进的空间，会怎样呢？他们就会感觉自己的人生处处都是"漏洞"，会更加觉得自己欺骗了别人，可他们又不想被人当作骗子。于是，他们会更加拼命地避免犯错。

注意！认真是一种积极的人格特征。但是，完美主义是一种避免犯任何错误的过分要求。通常情况下，这种期待不会实现。因此，完美主义者有关自己能力欠缺的感觉会越来越强烈。

　　毋庸赘述的是，基于这一点，生来就有完美主义倾向的人一定会感觉到自己的不足，因为他们永远达不到完美的最高境界，总觉得可以做得更好。只要还可以做得更好，"好"就意味着还不够好（至少在他们眼里）。有完美主义倾向的另一个坏处是，在力求提交一份完美的工作结果的过程中，完美主义者往往会在无关紧要的细节上浪费太多的时间。因此，相较于其他人，他们要花更长的时间，而且经常要到最后一刻才匆忙地提交工作结果，有时甚至根本无法按时完成工作。这反过来又强化了完美主义者自身能力欠缺的基本信念。

请自测一下

你是否生来就有完美主义倾向？

> 你会为一句文案斟酌多久？

> 你是否经常对你的工作成果不满意，认为自己一定可以做得更好？

> 上学时，你曾满足于"优"吗？还是你曾抱怨没得满分？

> 面对自己犯的错，或者想到自己还有一个知识盲区，你有多生气？

神经质

有些人在任何事面前都能保持镇静。即便在工作不保、患病或对人际关系失望时，他们也能承受打击并乐观地展望未来。这样的幸运儿属于自信稳定的人。与之相反的，便是神经质的人。谨小慎微是他们的基本态度，他们还极易出现担忧的心态。他们很容易消极地看待各种体验，将所有事情都往自己身上揽，并经常杞人忧天。一般情况下，正常人会介于这两个极端之间。不过，一个人若更多地倾向于神经质，就会更容易受到内心哈哈镜的误导。因为神经质的人以一种谨小慎微的基本态度面对世事，他们不相信自己具有掌控糟糕或危险局面的能力。想到可能发生的灾难，他们会感觉自己渺小无助，往往倾向于将某件事的责任归于自己，并且放大自己的失误。由此，他们更觉得自己无能。

此外，神经质的人往往要比自信稳定的人更加情绪化。他们的恐惧、伤心或生气等消极的情感更为强烈，并且他们无法很好地处理应激性事件。因此，一旦被要求做出成绩，他们便备感压力，并且明显地表现出对失败的恐惧。而这种恐惧感反过来又强化了冒名顶替综合征，因此，他们出现这一系列表现也就不足为奇了。

你的抗压能力如何?

> 面对未来,你是信心十足,还是忧心忡忡?

> 你是否频繁地觉得自己有精神负担? 即使是小事,也会让你六神无主?

> 你会直接将某件事的责任往自己身上揽吗?

> 你如何处理应激性事件?

自我价值感低

你可能已经知道接下来的内容了:自我价值感越低的人,便越有可能陷入内心哈哈镜的圈套中无法自拔。倘若我们对自己没有丝毫信心,遇事立马从自己身上找错,仅以成绩来衡量自己,就会给自己施加过度的压力,还会恐惧失败。

注意! 自我价值感低是出现冒名顶替综合征的基本前提。不重视自己的成绩,对自己要求过高会强化"我不够好"这一基本信念。

自我价值感低的人难以拒绝他人的要求或难以委派他人任务。他们认为,自己不能展示弱点,否则会不受欢迎或者不再受到尊重。另外,他们想方设法地迎合他人的需求。如此一来,他们就一直苛求自己,要求越高,越难免犯错误。这些错误反过来又证实了"我不够好"的基本信念。自我价值感越低的人就越会重视他人的看法。他们认为自己有缺陷，因此对失败的恐惧感和羞耻感越来越强。自我价值感低的人还难以接受别人的赞美和产生自豪感，他们自认为不配获得赏识。一旦获得表扬，他们就立刻进行冷处理。

相反，具有正常水平的自我价值感的人，并不十分看重别人对他们的看法。对他们来说，让自己满意，爱护自己，就足够了。

请自测一下

你的自我价值感如何？

> 你会为自己感到自豪并表露出来吗？

> 如果要你描述一下自己，你首先想到的是自己的长处，还是短处？

> 受到表扬时，你有什么感觉？你能接受表扬，并为此感到开心吗？还是你会觉得别扭？

> 你认为是什么让你成为一个受欢迎的人？

现在，你对有冒名顶替综合征的人通常会表露哪些人格特征有所了解了。不过，有这些人格特征还不足以说明一个人所患冒名顶替综合征的严重程度。很多人，比如内向的人，不会立即出现冒名顶替综合征。具有这些人格特征并不会直接将我们变成一个冒名顶替者。事实上，是童年留给我们的烙印以及迫使我们成为某种角色的那些体验，让我们出现了冒名顶替综合征。

为什么出现冒名顶替综合征

　　哈哈镜其实就是一面很普通的镜子。至少从构造上来说，它和普通镜子完全相同。只不过它不是平面的，而是曲面的。曲面镜的成像会改变大小或宽窄。我们内心的哈哈镜与之如出一辙，也是凹凸不平的，这种扭曲是我们自己造成的。为了适应某个特定角色，我们给自己"拗了个造型"。

　　年幼的孩子不知道世间万物是如何运作的，也不知道为了拥有幸福的人生要做些什么。他要先认同自己的身份和拥有自我价值感。在这一方面，孩子通常会以父母和其他相关的重要人物为参照对象。不过，这一过程也会跑偏：孩子或许会误解某些言行，赋予它们太过重大的意义，或者从某些特定的经历中得出错误的结论；或许父母会毫不掩饰他们对孩子寄予厚望。所有这些都会让孩子设法承担一个对于他的成长状态和能力而言过于伟大的角色。如此一来，孩子必然会经历多次失败，从而强化自己"不够好"的基本信念。

　　冒名顶替者的人生故事千差万别。不过，他们的共同点是，他们在孩童时期过于苛求自己，并且对自己扮演的角色感觉不适。下面，我以奥利弗和马拉两人为例向你说明，冒名顶替者的经历各有不同，不会只有一种冒名顶替生涯。

　　奥利弗的故事：我想为我的母亲坚强起来。

　　父亲离家出走时，奥利弗才 4 岁。"我几乎没办法回想这件事，"现年 36 岁的他叙述道，"那时我还那么小，可时至今日我还是清晰地记得我母亲躺在床上放声大哭，上气不接下气的情景。每当我脑海里浮现这个画面，就会感到无助和失措。当时，我甚至极其恐惧我的母亲也会离我而去，担心母亲会因哀痛而死。"从那一刻起，这个男孩决定不再让母亲操心他的事，而要反过来帮助母亲。在那之前，他就是个安静又稳重的孩子。从那以后，他更是完全退缩到自己的世界里。自那时起，他所做的一切都是为了让母亲高兴。"当我母亲以我为傲的时候，我就感觉很好。然后，我知道我做的所有事情都是对的。那时候，让她幸福快乐变成了我人生的全部。与此同时，我也一直担心，说不定什么时候我就会让她失望。母亲悲痛欲绝地躺在床上的那个画面，深深地印在了我的脑海。失去她的恐惧一直埋在我的内心深处。"

奥利弗日益成为他母亲的知己，甚至一直到 16 岁，他还在父母的婚床上睡在母亲身边。"我丝毫没意识到，与母亲同床共眠是一件不寻常的事情。父母刚分开那会儿，我们俩谁也不想独处，互相需要。不知为什么，那种习惯就一直保持了下来。当时我觉得很正常。直到我发现自己有了性欲，并开始对女孩感兴趣，我才发觉与母亲同床共枕的情形越来越令我难受。"他现在才真正明白过来，自己还是孩子的时候就试图做母亲的替身丈夫。"我现在开始接受心理治疗。不久前，我的心理咨询师说，我母亲错把我当作她的替身伴侣。可是我不这么认为。她没有错，她只是需要我。除了我，那时家里还有谁？她那时已经没了丈夫！"

承担保护母亲的责任引起了角色反转。从那时起，不是奥利弗向母亲倾诉他作为孩子的各种烦恼，而是母亲向他诉说她的各种担忧：钱财方面的问题、工作上的困难或与同事的摩擦。对于所有诸如此类的问题、奥利弗都设法当一位好顾问。"当然，那一切对我来说完全是过分的要求，对每一个在我那种处境下的孩子都是。不过，当时的我并不自知。我那时想的是，如果母亲过得不好，原因就在我身上。我母亲一直喜欢叫我'好儿子'，但是我那时一直害怕母亲会发觉我并非一个'好儿子'，而是一个很笨的孩子。好多年来，我一直认为，她理应拥有一个能真正帮到她的儿子。"

即便在今天，作为一个成年男子，奥利弗还是经常回到过去的行为模式中。每当他犯错或者没有达到自己的预期时，他就会做出与当年那个男孩如出一辙的反应：他害怕会让他的母亲、妻子、老板失望。即使他清楚个中缘由，也会在一刹那感觉自己被传送回过去，又变回那个 4 岁的男孩，那个如此绝望地设法让母亲活下来，却感觉力不从心的男孩。

一个太过伟大的角色

奥利弗的故事虽然令人心酸，但是并不罕见，世界上有许多孩子承担起父亲或母亲的职责的事情。造成这种事情的原因有很多，可能是如奥利弗这样，父母分离，孩子要抚平自己和父母一方的伤痛。对孩子而言，这常常是一种威胁。他会害怕失去父母一方甚至双方，认为自己该担负起为母亲或父亲的健康幸福着想的责任。他完全高估了自己的能力，只要需要保护的父亲或母亲过得不好，他便以为责任在他，是他没做好。

为了不增加母亲的负担，童年的奥利弗独自解决了自己在儿童时期出现的各种困扰。面对母亲，他则扮演了一个认真的倾听者的角色。结果就是，母亲感受到的奥利弗要比真正的他更加成熟老练，并且母亲也相应地如此对待他。母亲曾与他讨论的那些话题，对孩子而言都太过沉重。当遇到无法解决的问题时，这个男孩便感受到了从母亲那里获得的感知与他的自我感知之间的矛盾。这种状况只会强化他错误的自我认知，即他在母亲面前的形象是假扮的，他是个说谎者，是个坏儿子。

如果孩子为了取悦父母，试图承担一个比他本人成熟老练的角色，这种情况通常会让别人对他们进行错误的评估，并交给他们一些要求过高的事务。实际上，他们还太小，不足以很好地满足人们对他们的期许。他们将失败的责任归结于自身，看不到（基于年龄限制他们也根本无法看到）他人所托之事太过重大以至于无法完成这个事实。于是，一种"做得不够好"的感觉便油然而生并逐渐增强，而且持续渗透到成年以后。倘若这些受到苛求的孩子向某位成年人倾诉他的诸多困境，那位成年人则可能纠正孩子的认知，并换一种方式与孩子相处。更重要的是，他可以向孩子传递这样一个信息：孩子就算没有试图担任某一特定角色，也是父母的宝贝。但可惜的是，深陷其中的孩子们对让家长失望这件事如此恐惧，以至于只要情况过得去，他们就尽力隐藏自己的各种困境，任由苛求的魔轮不断地向前转动，直到他们出现冒名顶替综合征。

小心！哈哈镜效应

我们对他人的行为和情感的影响是有限的。因此，想要持续不断地让他人感到幸福或自豪是不可能的。

请自测一下

你在哪些方面承担了太多的责任？

> 请将思绪带回童年：你对父母有什么感觉？当他们不开心的时候，作为孩子的你曾是什么感觉？

> 为了让父母幸福，你曾做过什么？这种行为是否符合那时你作为孩子的天性，还是你不得不迁就父母？

> 你的父母如何看你？在他们眼里，你的形象是否与你的认知相符？

> 当时你在家中扮演了哪种角色？你是喜欢这样的角色，还是觉得自己颇有负担？

> 你在哪些情境下感觉自己曾被苛求？它们与如今那些要求过分的情境相比，是否有相似之处？

马拉的经历：我在父母眼里一直是最聪明的孩子。

马拉也饱受冒名顶替综合征的折磨，但是她的童年与奥利弗完全不同。"我是在一个名副其实的完美家庭中长大的，"她讲道，"我的父母一直给予我和姐姐支持和鼓励。姐姐比我大不到两岁。那时，虽然她领会任何东西都比较艰难，但是她因为努力一直受到父母的表扬。我却有着迅速领悟知识的天赋，在母亲辅导姐姐做家庭作业时偶然学到了不少知识。我还记得当时母亲问姐姐 7 乘 4 等于多少，我在一旁给出了正确答案，母亲惊讶万分。"马拉的聪明让父母引以为傲。他们常常告诉别人，他们的小女儿上学前就学会了阅读，并早已掌握了乘法口诀。他们从不在孩子面前隐藏这种自豪感。所以，马拉得出了这样的结论：其一，她有点儿特别，能让父母感到高兴；其二，真正聪明的人显然无须努力，知识就能信手拈来。"小学时我如鱼得水，即便我虚度了不少光阴，还是能轻松学习，并把好成绩带回家。可是，进入高中之后，我惊呆了：之前我一直以为，我是一个超级聪明的人。我父母也通过他们的表扬一再强化了这个认识。可是那时我一下子就遇到了问题：高中的要求远比初中和小学时高得多。我突然就开始对自己产生怀疑：难道我父母说得不对？他们错看了我？如果他们发觉实际上我只是一个普通的中游学生，会怎么说？"

马拉在父母面前隐藏了她的自我怀疑。为了不让他们知道她必须刻苦读书才能取得好成绩，她在校车上完成作业，利用短短的课间休息时间学习，但是这并非长久之计。"我还清楚地记得，有一次我的地理考试考砸了。老师出的都是关于基础知识的题目，但只通过短时记忆学习的我脑子一片空白。之后的一节地理课会发考卷，但那次课间休息后我无法再回到教室：我腹痛难忍，母亲不得不来学校接我回家。事后我想，我之所以剧烈腹痛，肯定是因为我无法亲眼看到考试不及格这一结果。我自己感觉好羞耻！"

为了不让父母失望，马拉未曾向他们透露自己在学校的一丁点儿问题。因为她的大部分考试成绩都很优秀，所以个别考试成绩的滑坡未曾引起父母注意，而且她的成绩单上的评分总是良好甚至优异。然而，即便如此，她依旧越来越怀疑自己的智力，对于考试的恐惧也随着年岁的增长而增长，直到现在。"一直以来，每当父母提到我那么聪明，还读了大学，我便觉得自己像一个骗子。因为我认为，其实我根本不像他们以为的那么聪明。这世上有那么多比我更聪明、更成功的人。大学的课程我也就那么浑水摸鱼地完成了，与其说靠头脑，不如说靠的是运气。多年后的今天还是如此，别人向我提问时，就算我知道答案，我还是会立马心跳加速，汗如雨下。或者我要做一个专题演示时，我总是害怕出错，害怕暴露我的无能。以前是不想让父母失望，如今是一直想满足领导的期望。我害怕无论怎样这种情形都永远不会消失。"

与奥利弗不同的是，马拉有一个幸福的童年，还有来自父母的支持。她的父母为他们的两个女儿感到自豪，想让她们成为自信的人，因此他们赞赏两个孩子的长处——大女儿的勤奋和小女儿的聪明。然而，马拉则在童年对聪明形成了一种扭曲的认知。

倘若孩子想要满足自己臆想中的别人的期许，从而承受过多的压力，他们就会产生扭曲的认知。这样的情况并不少见。他们会对某些外界的反馈做过度的诠释，得出错误的结论，进而产生极端的想法。马拉怀有这样一种信念——真正聪明的人无须付出任何努力。当然，也有其他类似的过度诠释会引发冒名顶替综合征。例如，母亲称赞5岁的孩子是"善解人意的大姐姐"，孩子就会将母亲的表扬固化为"永远不要对小弟弟凶"的任务；一个因体育运动获奖而让父母为之骄傲的孩子，想着从此更上一层楼，却会随着赛事的日益增多越来越经常地与失败的恐惧抗争。

注意！冒名顶替者心中存有一个夸大的梦想，并努力追逐这个梦想，由此产生对自己过高的要求。然而，这种梦想根本不可能实现。

我们都只是普通人，而非超级英雄，所以无法满足对自己提出的那些过高的要求。孩子会因为害怕别人发现他无法满足别人的期望，并因此对他失望，而试图隐瞒自己的困难。如果孩子说出自己的恐惧，父母或许就会纠正他的自我评价，并且将对他的期望降低到他可以实现的程度。

父母的角色

即便奥利弗和马拉的经历如此不同，他们也有不少共同点：两个人在童年时都曾设法扮演一个夸张的角色；两个人都曾以为，倘若他们与这一角色不符，父母就会对他们失望；两个人都曾害怕万一哪天失败了让父母不高兴。所以，内心的哈哈镜早在童年时期就形成了。

在这个过程中，父母扮演的是什么角色？他们就一定能察觉到孩子的各种困境，并且阻止冒名顶替综合征的产生吗？不管是作为心理咨询师，还是作为培训师，工作中总有人一再向我提出这些问题。通过深入探究自己的童年，许多人了解到，他们未曾获得他们原本需要的支持。一些人埋怨他们所受的教育，觉得父母该为他们现在的心理困境担责。然而，把责任推给父母甚至期盼父母弥补，对于心理健康和自身的成长并没有多大帮助。这些人借此巧妙地将自己重新变为一个被动观望的儿童的角色。他们坚信，治愈的力量必须来自外部，这种情况下自然是来自父母。可惜，要让早已定型的家庭体系有所改变，只会无疾而终。

如果你在读到本章时痛苦地意识到，你的童年生活中也有过一些走偏的事，所有事情本可以大不相同，那么，我想鼓励你以平和的心态看待你童年的各个事件。我所了解的大多数父母都希望他们的孩子过得好。不管是奥利弗的母亲，还是马拉的父母，都不想伤害自己的孩子。马拉的父母是想通过表扬和肯定让孩子成为自信的人，而奥利弗的母亲当时肯定不知道她把自己的儿子逼迫到何种地步。父母的行为会引发哪些影响深远的后果，这常常是难以预见甚至无法预见的。这还完全没考虑以下情况——父亲和母亲也都是带着各自的烙印，有着各种缺点和弱点的人。他们所能做的，也只是在他们有限的能力范围内的事。

我并非要对你童年时期发生的一切找借口或不屑一顾，也完全可以理解你因为事情并未朝着理想状态发展而伤感。但是，请不要沉湎于过去，而要聚焦于未来。如今你已经成年，可以自助。通过阅读本书的第三部分，你将再次深入探究你的人生故事。你不仅可以学到如何给予自己必要的支持，还可以获得对于过往事件完全不同的看法。你可以更好地认清个中关系，理解其背后的原因，并形成真实的自我感知：你不是失败者，而是一个生存艺术家。

社交媒体的强化

使冒名顶替综合征得以强化的还有另一个因素。这个因素与原生家庭毫无关系，那就是各种社交媒体。社交媒体已经成为我们日常生活的一部分，让我们"做得不够好"的感觉得以滋生。

脸书（Facebook）、照片墙（Instagram）等媒体早就不再局限于朋友间的交流了，它们更像是虚拟广场。在这样一座虚拟广场上，人们可以吸引关注者和其他用户。可见性是一个神奇的词。人们当然希望自己的成功能被他人看见，因此，大多数人在社交媒体上展示的只是他们幸福的一面。他们主要分享的是度假、和谐的家庭生活、与朋友欢聚之类的美妙经历。然而，他们不会展示哭闹的孩子和充斥着垃圾的地下室。他们在社交媒体上发布的照片都是经过精挑细选的，而且常常进行过全面的后期处理。企业家会公布一般人无法企及的月度销售额和惊人的营收增长率，但不会提及企业存在的种种困境、客户撤单以及他们的自我怀疑。只有在我们面临问题，而他们想向我们兜售自己那完美的解决方案这种万不得已的情况下，他们才会提及自己的窘境。当然，他们还会说那是"特价销售"！

小心！哈哈镜效应

不要因为你与社交媒体上精致的形象不太相符，就认为自己是一个没有价值或没有能力的人。要知道，那种形象没有多少人能够完美地契合。

作为社交媒体的用户，人们总会轻易觉得，似乎其他人都过着比自己更完美的生活，拥有更大的工作成就，其他人的一切似乎都熠熠生辉。人们会以为，那种能全面把握人生的超级英雄的确存在。

虽然你很清楚社交媒体中的很多东西都华而不实，但仍无法对那些留存在自己脑海里的画面完全不予理会。这就让你产生了人生不圆满的感觉，也会让你对自己产生过高的期望：如果别人能够做到，那自己也一定可以做到。如果你也在社交媒体上写文章或发帖，那恶性循环就此形成。因为你或许也只会展示自己阳光的一面，而尽量隐藏自我怀疑或对失败的恐惧之类的情感。如此一来，你自然就越来越觉得自己很可能就是一个冒牌货，一个绝不可以被人识破的骗子。

注意！社交媒体强化了冒名顶替综合征，因为它让我们看到的是一个虚伪、过度粉饰的世界，我们会因此相形见绌。

请自测一下

社交媒体对你的影响如何？

> 观察一下，通过使用社交媒体，你的自信心是否发生了变化？

> 你对社交媒体上的哪些帖子特别敏感？

> 哪些图片、文案会唤起你的自惭形秽之感？

> 你使用社交媒体的频次如何？你是否会无意识地将自己与网上流传的那些完美形象做对比？

自我反省

我本人完整的冒名顶替生涯是什么样的?

通过第三章的自测题,你已经对冒名顶替综合征的各个组成部分有了认识。为全面了解你本人的冒名顶替生涯,请你对自测题的答案进行汇总。

下列问题可能有助于你的汇总。

> 我在自己身上能发现哪些典型的冒名顶替综合征特征(内向、完美主义、神经质、自我价值感低)?这些特征表现的强烈程度如何?

> 哪些外来影响(错误的角色、过高的期待、参照人物的行为、社交媒体的体验)给我自惭形秽之感?

> 我感觉在哪些方面做得不够好?这种一定要在这些方面做得更好的想法是怎么产生的?

第四章　冒名顶替综合征的迷宫

　　马拉忐忑不安地站在心理咨询师的门前。第一次谈话后，心理咨询师与她约定了今天来复诊，以跟进一下进展。"最近感觉如何呢？"马拉问自己，因为她知道，她会面临这个问题。自上次谈话后她有什么变化吗？当然，知道自己究竟是怎么回事，让马拉轻松了不少。她没疯，也没精神错乱，而是有冒名顶替综合征，很多人都有和她一样的问题。那就好。上次谈话后，她力求让自己不再那么追求完美，并大大减少了加班时间。如今，她空出了更多的时间用来休息。可是，她仍然觉得自己是一个冒名顶替者。不久前，她在完成一项任务后特意不进行第二遍校对检查。结果领导立马指出了她工作中的一个小缺陷，这让她极度难堪。

　　"你知道吗？"她向心理咨询师解释道，"我似乎迷失了方向，找不到出路，我想摆脱这种无能的感觉。可是不管怎样努力，我发现自己还是会回到恐惧和过去的想法之中，我好像在原地转圈儿。"

"噢，这一点儿都不奇怪，"坐在马拉对面的心理咨询师眨了眨眼，微笑着回答，"如果你看了我给你的那份宣传册，你或许就会了解冒名顶替综合征有几种不同的表现层面。""对，"马拉点头说道，"有感知、评价、情感和行为4个层面。"

"完全正确，"心理咨询师肯定道，"一个层面会引向下一个层面。而你处在一个非常典型的恶性循环里。我们可以用图示来说明其中不同的阶段，然后向你解释你可以从哪一点入手来找到出路。"

在我的想象中，冒名顶替综合征不是仅由一面哈哈镜造成的，而简直是由一整座哈哈镜迷宫造成的。每当我们感觉终于了解了它的脉络时，就会意识到，自己再次钻进了死胡同，或者突然又回到之前到过的地方。在这座哈哈镜迷宫里，我们迷失了方向，因为镜子的排列伪装出了一个其实根本不存在的出口。所以，就算我们倾尽所有的创造力和才智，也还是没能找到解决问题的办法就不足为奇了。

不过，每座迷宫肯定都有一条出路，有的甚至有多条出路。我们只要发现它们，就能走出迷宫。冒名顶替综合征亦是如此。我们不会永远受困于消极的想法，有很多条将我们引出困局的路径。为此，我们应该首先对这一现象做一个整体的了解，并从幻象中分辨出正确的出路。因此，我们可以一起将前面获得的信息在本章中串联。因为只有准确地理解内心哈哈镜的每一个层面是如何组合在一起的，尤其它们是怎么共同作用的，我们才能找到走出迷宫的路。

信步走入迷宫

人从出生时就携带着某些人格特征，之后受到的教育更加强化了这些特征。一个内向的孩子对许多事情宁愿进行自我分析，也不愿向父母寻求建议，他可能因此得出错误的结论。他以儿童的想象力过高地评估了某些言行，完全忽略了其他因素。如此一来，他形成了一种对世界和自己的看法，一种让他人完全无法理解的看法。

你已经了解到，某些特定事件会让人们给自己套上一副特别具体的任务枷锁——这些事件可能会像奥利弗身上发生的那样，是很沉重的，当然也可能像马拉那样，原本是积极和令人振奋的。奥利弗承担的是让他母亲幸福的替身丈夫、好儿子的角色；马拉则承担了智者的角色，希望一切都能唾手可得，让她的父母引以为傲。

你也可以思考一下，迄今为止你在自己的家庭中扮演了哪种角色，这一角色与你的能力是否匹配。很可能你从未被明确地要求扮演这一角色，可当时还是孩子的你如此理解，并确信别人期待你取得某种成绩或做出某种行为。因此，从那一刻起，你就设法以他人期许的方式行事。

奥利弗和马拉两个人都曾被苛求，但他们未向父母和朋友倾诉。

奥利弗绝不想给母亲增加负担，马拉则不想让父母失望。所以，他们最终分别形成了"我不惜任何代价都要让母亲幸福"和"我得毫不费力地取得好成绩，不可犯错"这两种错误的基本信念，并且未曾得到及时的纠正。

倘若你对自己的童年和你在家庭中曾扮演过的角色做深入探究，或许你也会在自己身上发现这种或那种扭曲的观点。这样的观点长期伴你左右，而且你还一直根据它们给定的模式生活着。问一问自己，这样的观点是否影响了你的自我价值感和允许自己失误的范围？

注意！我们的人格特征以及我们对事物的诠释，可以相互影响和相互强化。

对失败的恐惧来自被寄予的厚望，尤其是天生偏向神经质的孩子更会将事情往自己身上揽，并产生消极的想法。对他们来说，犯错就好像承认自己失败，他们会由此产生强烈的羞耻感。所以为了避免犯错，他们认真和谨慎的人格特征便慢慢地发展成为完美主义。这样的孩子一直生活在一种不知何时就会让父母失望的恐惧中，并由此感到自卑。他们只有在能实现他人的期许时，才觉得自己有价值。

我们背负着这样一个包袱，以为自己（做得）不够好，因为我们未曾百分之百地满足童年时（臆想中）别人对我们寄予的各种期望。一种相应的人格，加上一份过于宏大以至于难以实现的期待，便是我们慢慢却又步伐坚定地迷失在冒名顶替综合征的迷宫之中的原因。

完成一次不适合的角色扮演

当你试图完成一次不适合的角色扮演时，你内心的镜子就变成了哈哈镜。你内心滋生了这样一种信念：只有满足别人的期待，我才算是一个有价值的人。与此同时，你渐渐地显露出对失败和辜负他人期望的恐惧。于是，迈入迷宫的第一步就此完成。从那一刻起，每一项触动彼时痛点的挑战，都会强化这种恐惧。至于这一切具体是一个怎样的过程，接下来，我会以奥利弗为例来加以说明。之后，我们再一起来绘制完全属于你的冒名顶替综合征恶性循环图。

对身边的人的幸福负责，且不可辜负这些人的信念，是奥利弗进入哈哈镜迷宫的入场券。童年时，他就已经想方设法让母亲幸福快乐，并试图成为她坚强的依靠。但是，他并非次次都能如愿。因此，他感觉自己做得还不够好。奥利弗让他人快乐的努力持续经年，甚至成年后还一直在继续。工作上，奥利弗竭尽所能地不让老板和同事失望。即便如此，他依旧感觉自己做得不够好。要是哪次没帮上忙，他就将责任归于自己。然而，在公司里，别人对他却有着完全不同的感受，他被视为既能干又细心的员工，在任何时候都值得信赖。这也是老板任命他为人事部门领导的原因。奥利弗虽然觉得自己经验不足，且该职位的重大责任让他退缩，但为了不让老板失望，他还是接受了这个挑战。突然间，他就变成了 120 名员工寻求建议的对象。

基于奥利弗那种过分的想法，即作为人事部门领导要为所有员工的福祉负责，如果他不能解决员工的每一个难题，不能回答员工的每一个问题，就意味着他是失败的。因此，面对新职位，他总是感觉力不从心，对自己感到失望。他最大的恐惧来自感到自己的无能与不称职，他的感知聚焦于此。他开始注意自身的不确定性，注意同事们不满的情绪，并立马将这种不满归咎于自身。就连员工大会上有人打一个哈欠，都让他误会——毕竟他不想让他的下属感到无聊。他只看到问题，对积极的反馈视若无睹，这由此强化了他不是这一职位的合格人选这种基本信念。他默默地抱怨自己、指责自己，将自己与他人做比较。渐渐地，奥利弗说服了自己：他是个失败者，换一个人事部门领导对员工来说会更好。每一项新任务都让他恐惧，他害怕自己无法完成。他为每一个小小的差错感到羞耻、胡思乱想，为没有满足老板的期望感到愧疚。

真正有能力的人无须借他人之手，在他这种职位上的人必须了解所有重要的事情——基于这种信念，奥利弗很难向老板开口寻求帮助。对于诸如举办员工大会之类新的职责范围内的工作，他自然不熟悉。可是因为他丝毫不想暴露他的无知，便不去咨询他人，也不寻求支持。因此，他几乎无法为新的任务做好相应的准备。在木僵状态中的恐惧感不断蔓延。如果他知道员工大会应该怎么主持，那该多好！他拖延着员工大会的安排工作，直到开会的日子近在眼前。在那些夜晚，他无法入眠，心里想象着自己会遭遇怎样的灾难。他的内心世界被强烈而真实的恐惧和羞耻牢牢占据，他根本没有多余的精力来静心思考。

员工大会如期举办，不知不觉中奥利弗就完成了员工大会的主持工作。当员工大会结束，所有人都向他表示感谢时，他虽然松了口气，可还是接受不了那些好评。他清楚地知道，他为员工大会的规划安排工作做得太少，原本可以再多做一些。他看到了自己工作表现上的弱点，为自己没有更好地准备感到生气。所以，他怎么值得别人的表扬？别人在他的位置上，一定会表现得更有把握、更能干。

奥利弗认为自己根本不配得到那些赞赏，觉得自己像骗子。他完全无法理解为何别人会对他有如此好评。不过有一点他很确信：下一次大会他不会再这样幸运，那时他会让所有人失望。想到两周后他将再次主持的一个研讨会，他甚至觉得恶心。于是新一轮的恶性循环开始了。

冒名顶替综合征的恶性循环

现在，你可以将属于自己的冒名顶替综合征拼图的各个部分拼接在一起了。下面的示意图将引领你一步步地穿过哈哈镜迷宫。另外，我将以马拉为例来介绍如何正确填写每个文字框里的内容。

让我们从童年开始：童年时你想扮演哪种角色，这一角色扮演失败了吗？你当时想要实现哪些期许？这些往往都是我们不愿去回忆的东西。通常情况下，它们深埋于我们的内心，不是那么容易被发掘的。如果你一下子想不到答案，就换一种方式来回答：现在生活中的哪种挑战带给你特别大的恐惧？你为什么畏惧这种挑战？你猜想他人对你有什么期待？童年时他人是否对你有过类似的期待？用这种方式就可以找到你的痛点，那个如今依旧在为难你的痛点。

你首先要明白，哪些童年的模式和特性还活跃在内心，自己是否能够与之保持距离。当然，你早已不是当年的那个孩子了，而且你的领导也与你的父母毫不相关。

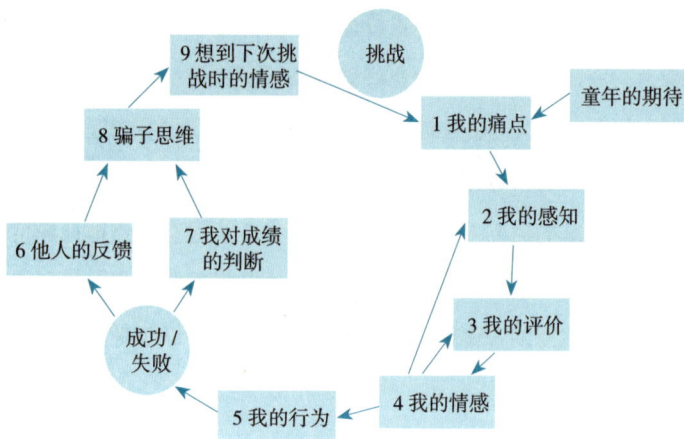

图 4-1　冒名顶替综合征恶性循环图

　　请将你童年的痛点填入序号为 1 的文字框中，用现在时将其表述为一个事实。比如马拉表述的是："为了不辜负他人的期望，我得一直取得完美的成绩，可我做不到。"

　　思考一下你的感知由此发生了哪些变化。请注意，你的需求和恐惧控制着你的关注点。因此，问一问自己：在我的记忆中，所占分量最重的内容是什么？我会本能地关注哪些方面？如果你想赶超其他所有人，你会更多地关注自己的错误和他人的成绩。如果你力求将事情做得让所有人满意，那么你将会对别人不满的情绪十分敏感。因此，思考一下，你的哪些感知增强了？请将这些因素写入序号为 2 的文字框中。马拉写的是："脸红、发抖、语无伦次、出错、结巴、头脑空白。"

　　如果你用放大镜来看自身的缺点，而用平面镜甚至凹透镜来看别人的缺点，这种扭曲的方式就会影响你对自我和他人的看法。所以请自问一下，你怎么看待自己的能力（正好与 1 号文字框里的痛点相比较）？在序号为 3 的文字框中记下你对自己的能力的评价。马拉在这一处这样写道："我不够聪明；我的专题演示做得难看又不专业；我根本做不了那件事；不管我如何努力，我总会犯一些低级错误。"

你的评价主导着你的情感。当你想到面临的任务时，再读一遍 3 号文字框中你的想法，你会感受到什么？此时会触发哪些情感？将这些情感记录在序号为 4 的文字框内，比如马拉写道："无望、沮丧、无能、害怕出丑。"这些情感又反过来强化了你的评价和感知。马拉对出丑的恐惧掺杂着心灰意冷，是最先让她觉得自己无能的征兆。你身上也有这种自我强化机制：你越感觉到有威胁，就越会关注那些危险的迹象。羞耻感与内疚感越强，你就越坚信自己无能。

你的评价和情感触发了相应的行为。为了完成他人交付你的任务，你会制定什么策略？你是像小松鼠一样盲目行动，对紧急情况采取预防措施并过度反应的偏反应过激者一类？还是像小兔子呆若木鸡地望着毒蛇那样的偏反应迟缓者一类？请仔细回想一下，你是如何对待最近一次挑战的，预先采取了哪些措施？这些行为属于序号为 5 的文字框范畴。马拉当然是属于极其缜密地做准备工作的那一类人，因此她记录道："我从书本上汲取了很多背景知识，就为了到时候不会呆呆地杵在那儿。为了做一个有说服力的专题演示，我花了很多时间，力求每个细节都正确。我背熟了报告内容，并在镜子前排演了多次。"

请回想一下你最近面临的一项挑战。你记得别人对你有什么反馈吗？请将答案写入序号为6的文字框内。马拉是这样写的："掌声；赞美；我同事对我说，我把那个主题介绍得通俗易懂。"

别人对你的评价并非总是和你的自我评价一致。你如何评价自己的成绩？将这些想法写入序号为7的文字框。马拉写道："平均水平；还有太多错误；往往语无伦次，不知所云；对别人的评价不是很有把握时会结巴。"现在，你来比较一下自己和他人的感知。如果6号和7号文字框的评价差距过大，通常会强化冒名顶替的感觉。马拉也确认了这一点：她对自己的看法和别人对她的看法完全相反。因为她认为自己业绩平平，甚至还有缺陷，所以她不能接受赞美和掌声，反而容易对这些感到抗拒。

如果你发觉对自己的评价与所获得的反馈完全不同，你就会主动寻求一个解释。将感知到周围人的反应时你脑子里闪过的念头填入序号为8的文字框中。你如何解释那些积极的反馈？那些积极的反馈是因为偶然、同情、幸运得来的，还是你有其他解释？马拉给出的解释是："我会觉得羞耻，有一种不配获得这些赞誉的感觉，我之所以做得好，是因为我在上面花了超长的时间。如果他们知道我花费了多少时间准备，他们肯定会摇头表示难以置信。"你脑子里闪过哪些担忧或判断？这些担忧或判断经常强化你对自己不好的看法，并且影响你将来行事的方法。如果你像马拉那样解释自己的成功，即你花了太多的时间用于准备工作，那么非常有可能下次你会花至少同样多的时间——甚至更多，因为你认为这是避免失败的唯一途径。如果你把自己的成功归结于人们的友善，为了不让他们失望，你会更加努力地尝试满足他人的期望。

到这一步，这个纵横交错、各种因素相互作用的恶性循环就接近"完美"了。在最后剩下的序号为 9 的文字框里，填上你想到下一次挑战时出现的反应，它们往往会再次开启整个恶性循环。将你的感知、情感和评价可视化，属于你自己的冒名顶替综合征恶性循环就十分明了了。那么，马拉当时的情况如何？她对下一次的专题演示产生了更大的恐惧，一想到要做的准备工作就觉得力不从心。她的恶性循环形成了，而且每一轮循环都会对她的行为有所强化。

填完图之后，你可以重新观察一下。此时你会发觉，循环中的每一步都会自动触发下一步，中间还有很多因素在相互作用。因此，你无法凭借自身的力量从恶性循环中顺利脱身这一问题，就不再令人费解了。

不过，不要因此气馁。关于恶性循环也有好消息：尽管恶性循环中的每一步都会触发下一步，不过与此同时，你可以从每一个具体阶段入手，即通过改变你的感知、情感、评价，或者有意识地做出与以往不同的反应来打破循环。

如果你成功地将感知更多地聚焦于积极的方面，就会对自己有更积极的看法。你对自己的看法越积极，面对挑战时就越自信。随着自信的增强，你不仅觉得适度地准备一项任务变得更容易，还能更从容地接受别人的赞美。而且，你越相信来自周围的人的反馈，也就越坚信自己的能力比以前想象的强得多。

在下一部分，我会针对每个具体阶段来说明你可以通过哪些途径来改变自己的行为，以此终结那个糟糕的恶性循环。不过，你需要首先绘制出自己的冒名顶替综合征恶性循环图，然后尝试从中推导出初步的认知和解决的办法。

自我反省

我从自己的恶性循环中了解到了什么？

> 我的恶性循环是否完整？

> 从中我可以获得对自己哪些方面的认识？

> 如果仔细观察某一阶段，那么我最早可以从哪一步入手？

> 为了打破恶性循环，有哪些可行的对策？

第二部分

走出冒名顶替综合征

通过本书的第一部分内容，你已经了解了打破冒名顶替综合征的恶性循环，有许多切入点，你可以由此入手。但是大多数情况下，仅仅在某一具体方面做出改变并不足以让你打破恶性循环。虽然说一个小小的改变也会产生重大影响，但只要你内心还持有"我不够好"的基本信念，或许你迟早还会迷失在内心的哈哈镜迷宫里。

你肯定还记得内心的哈哈镜是怎么构成的：每一层面都影响着下一层面，各个层面共同作用，才会呈现出冒名顶替综合征的全貌。倘若你想甩掉自我怀疑和对失败的恐惧，就一定要一层一层地解决问题。因此，你应在所有方面有所改变：改变你的感知、评价、情感以及行为，尤其是改变童年时期形成的基本信念。每迈出一步，你的自我镜像就少扭曲一点。渐渐地，你就不再会秉持"自己是无能的"这一基本信念了。

不过，在你迫不及待地一头扎入下一章内容之前，我还想提醒你，以免你之后会失望：成功并不能一蹴而就，要想摆脱内心的哈哈镜，你需要耐心和毅力。这有点儿像播种，你撒种后不知道它们是否会发芽，种子周边的土壤一开始看上去并没有任何变化。不过，你依旧要定期浇水和施肥。这个过程常常会持续几周，直到小小的芽尖破土而出。之后，你便可以每天观察到它的变化。

行为的改变与之一模一样。相关知识已具备，种子已落地，只是你还不知道，种子是否会发芽并茁壮成长。尽管存在未知，但是你依然得每天照料那颗改变自我的小种子。这是一个辛苦的过程，需要有足够的信任。许多人很快就会放弃，因为他们还没有察觉到进步，就确信这种尝试徒劳无果，并开始重新按照过去的模式生活。如果他们再多坚持几天，就会看到改变自我的芽尖如何冒出土壤，第一步的影响又是如何显现的。

我想对你说的是，不要过早放弃！养成新的行为方式需要几周，甚至几个月，在那之后你才能感觉到自己在生活和思维上的变化。那时，你就会觉得容易坚持了。所以，要有耐心和信心，给予种子生长所需的时间。

现在，让我们出发吧，去剥离第一层镜面，改变你的感知。

第五章　强化积极感知

　　马拉久久地注视着波光粼粼的河面上一圈圈的涟漪，浸在河水里的双足随着微波轻轻地摇晃。同时，内心却如潮水般汹涌：她该诚实地回答朋友有关她身心感受的问题，还是再次将整件事情大事化小，小事化了？她不敢向朋友和盘托出，毕竟朋友也在同一家公司工作，可能会因此对她印象不佳。但是，心理咨询师建议她不要再隐藏自己的不安，要与人交流此事。

　　"我不能确定自己在工作上是否真的舒心，"她开口道，"过重的任务使我身心紧张，我担心自己会彻底失败。""你这话可是认真的？"朋友睁大眼睛盯着她。马拉此刻又后悔说这话了。"你？你可是那么一个信心十足的人！我有时很羡慕你，你将每件事情都处理得那么好。像上次开会时，你面对罗伯特（Robert）提出的不同意见泰然自若。"这时轮到马拉吃惊地看着朋友，"你觉得我信心十足？我却感觉我当时的回答极其糟糕，说话结结巴巴。罗伯特的论据更有说服力。"朋友大笑："你可真对自己的成就视而不见。难道你没注意到，会上其他人是怎么偷偷地幸灾乐祸吗？就因为这个目空一切、不知天高地厚的花花公子终于有那么一次夹起了他的尾巴做人。难道你没有察觉到，他的脸一下子全红了，之后坐在那里一声不吭？马拉，那个时候你真了不起！"

马拉感觉自己的脸开始发烫，心突突地跳。她很激动，因为此刻她终于坦露自我。同时，她也因为朋友的看法而开心。不过，她还是无法确信，在那场舌战中，她看上去真的比那位男同事还有自信吗？为什么她自己却没有察觉到这一点呢？或许她的朋友说得对，但凡涉及自己的成就，她确实会视而不见。

如果我们总是一味地注意自己的缺点和错误，却在他人身上最先看到好成绩，肯定会得出结论：与其他人相比，我们所取得的成绩不算好。从第二章我们已经了解到，我们的感知是扭曲的，我们自动地选择了处理哪些信息，忽略哪些信息。这个选择过程刚开始是无意识的，但是我们能习得有意识地控制这个选择过程。稍加练习，我们也可以看到自己的成就和长处，并更切合实际地去评判他人的成绩。

关注长处与成绩

在我长年任职的医院里，有一间团体治疗室，里面经常可以听见轻微的嗡嗡声，怎么也无法消除。我很喜欢利用这种情况来让我的患者明白如何控制自己的感知。我给他们布置了作业："请在接

下来的 3 分钟内,将嗡嗡声从你们的脑海中隐去。"治疗室安静下来,
我看到的是一张张全神贯注的脸。很多人皱着眉,闭着眼。3 分钟过后,
我请他们反馈作业完成的情况。大多数患者沮丧地说,他们没能成
功地把声音移出脑海。事实上,他们反而更强烈地感知到了这种声音。
这是一种非常正常的现象。我向这些患者解释为何他们的努力会无
疾而终:如果我们尝试不去看或听什么,我们反而会先把自己的注
意力集中于此。在做完解释,并回答完提问之后,我最终问道:"现
在还有背景噪声吗?"我的患者会惊奇地发觉,因为他们专心听我
解释,所以他们此刻完全注意不到这种声音了。

**注意!如果不想再过多地关注自己的缺点和错误,就不
能一直提示自己不要在意它们,那样反而会更容易将注
意力集中在这些内容上。**

　　我们的感知经过多年的强化,就为了在自己身上找寻缺乏自信
心的感觉。就算我们只是身体微微颤抖,稍稍有些结巴,或者犯下
一个无足轻重的错误,我们的感知也会像一台精密的探测仪那样,
立马发现并报警。我们无法关闭这台探测仪。一旦我们采取行动,
迫使自己不再注意那些短处,短处反而会更加醒目。我的患者试图
把嗡嗡声从脑海中消除时遇到的情况就是这样。不过,我们可以重
新编写内心搜索引擎的程序,从今天开始更多地将注意力放在自己
的长处上。缺点和错误虽不会因此自动消失,但会不再那么举足轻
重。
　　奥利弗属于严以律己,习惯关注自己每一个弱点的那类人。由

于他自童年就养成了这种习惯，所以改变并不容易。一旦他无法给出答案或反应过度，他就会立刻将注意力集中在这些事情上并感到万分痛苦。不过，如果他罗列出所有帮同事做过的事以及曾向团队提供的解决方案，或者他完成的那些挑战，并将这些内容与他的不足相比较，他就会清楚一点，即他做成功的事情远远多于搞砸的事情。现在，我们也该学会这样做。

练习 1：只想长处或成绩，保持一周

赏识自己的长处，一点儿也不容易。我们许多人都是伴随着"骄兵必败""骄傲使人落后"之类的格言警句长大的。我们深深地相信：谦虚是一种高尚的精神，人不可以因自己的成绩而骄傲，至少不能在公开场合表达骄傲。谁也不想被人看作狂妄自大的人。所以，几十年来，我们主要专注于自己的短处，习惯了忽视自己的成绩。

正因如此，我们得学会如何看清自己的成绩，并为之自豪。改变感知习惯需要时间和定期练习，就像弹钢琴一样，只有每日练习，一段时日后才能掌握技巧。

所以，请在一周内的每天晚上记录你在当天顺利做好的那些事情，也记下你已经取得的所有成绩，虽然后者对你来说很有难度。另外，请思考一下，除此之外，你还为什么事感到自豪？你可以借助接下来的练习清单 1 记录自己的长处或成绩。当然，你也可以多次重复练习。

就算一下子记不起多少内容，也不要放弃。或许你晚上只想得到唯一一件成功的事，那就是你白天不知为什么就渡过了难关，那也要将它写下来！即使某些成功对你而言太过平庸乏味，不值得以

赞赏的口吻提及，也请将它们写在纸上。你没有做过记录自己积极一面的练习，这可以理解，但你总得从某处着手。因此，或许开始时你只记得那些无关紧要的事，就好像你想向自己证明你根本就没做过什么特别的事一样，但是随着时间的推移，你就会察觉到变化。练习的时间越长，你就越会留意自己的长处，想到自己获得的成绩，对这些内容关注也就越多。

注意！我们可以训练我们的感知。越聚焦于自己的长处，就越容易发现它们，之后即便不去刻意地关注，也能注意到。当然，这需要定期练习。

练习清单 1：只想长处或成绩，保持一周

这个练习可以强化你对自己积极一面的感知。请每天记录至少 3 件能证明"我够好"的事。即使只能想起来一件，也没关系，写下来。

周一

_____

_____

_____

_____

周二

周三

周四

周五

周六

周日

练习增加之后感知就会改变。而在练习的日子里，你会关注到之后可以记录的事情。这是因为，你渐渐地将自己内心的搜索引擎程序设置为关注此类事件。几周前，那些小小的成功、积极的反馈或好成绩，似乎还不值一提，因为那时你还没有突破第一层面。现在，如果你关注并记录这些事件，就会越来越多地感知到它们。试一试！

还有个小建议：如果开始时你就算绞尽脑汁也想不到任何长处或成绩，就问一问其他人的看法。通常来说，旁观者要比你更容易看到你积极的一面，就像马拉的朋友感受到了马拉自己未曾察觉的某些细节。至少在最初几天，旁观者的看法可以给予你帮助。随着时间的推移，你就能自行认识到自己的长处或成绩。

这个感知练习应至少进行一周。你最好将这种对长处或成绩的记录变成一种带有仪式感的习惯，从此刻起每晚进行。这个练习不会占用很多时间，但是，一旦它成为你日常生活的一部分，所产生的影响相当显著：你能更客观地评价自己的长处和短处，整体上会更自信，减轻自己的冒名顶替综合征也就容易多了。

关于这个练习，我经常听到这样的反馈："如此一来，我只是在欺骗自己，然后高估自己。"事实并非如此。你只是去发现那些实际存在的但你之前根本未曾注意的事。因此，你没用任何事情来欺骗自己。相反，通过练习，你会获得让内心的哈哈镜少扭曲一点儿的效果。以前，你内心的哈哈镜只将你的短处和缺点传递给你的大脑，而隐去了你的长处，这才是真正的自我欺骗！如今你通过训练自己的感知，设法将自我镜像变得更符合实际，而不是在自我评估时失之偏颇。

你害怕会变得自负，这是可以理解的。或许你听说过邓宁－克鲁格（Dunning-Kruger）效应。如果你一下子想不起来这个概念的意思，我可以为你解释，这是一种与冒名顶替综合征相反的情况。邓宁－克鲁格效应是指，当事人低估了周围人的成绩和能力，而高估了自己的能力。因此，他们也有感知扭曲问题，只是和有冒名顶替综合征的人的情况刚好相反。或许，你也知道一些具有邓宁－克鲁格效应的人，他们常常身处政治舞台或身居高位。在这样的领域中，自抬身价很正常。你所处的位置越高，你就越有可能接触到那些自信心爆棚（有时也是自我评估过高）的人。所以，有时你感觉自己像一个外星人，感觉自己完全不在状态，这也就不足为奇了。

别担心你的感知摆锤会一下子偏移到另一个极端，这种事情几乎不可能发生。聚焦于自己的长处只是让你去除了内心哈哈镜的一点儿效力，但是不会由此直接创造出一面新的哈哈镜。对邓宁－克鲁格效应的恐惧会自动阻止你迈向自我评估过高的极端。只是因为对自己成绩的感知增强了些许并加以记录，你还远远算不上一个"目空一切、不知天高地厚的人"，一如马拉的朋友用如此漂亮的辞藻描述的那样。对于那种不断地通过凹透镜来看自己的人而言，当他站在正常的镜子前时，那个自我镜像一定会显得巨大无比。但那的确是他的真实形象。所以，这不是一种新的自我欺骗，而是自我欺骗的终结。

注意！客观地看待自己的成绩，并不是自我评估过高，但是刚开始时我们确实会有这种感觉。

我们在开始记录自己的长处或成绩，并慢慢消除自己无能的基本信念时，不可以局限于当下，还须顾及过往。

在将视线投向过往的人生时，我们或许首先想到的是错误的决定、失败或者被埋葬的梦想。这并不难理解，因为我们从小就往这个方向进行自我训练，只在记忆中留下消极的事情。如此一来，我们的感知，更确切地说，是我们的记忆造成了一种假象。它让我们从过去到现在都没有意识到，我们在自己的人生中已经做出了很多成绩。

在本书的第十章，我们将学习从另一种角度回看自己的人生故事，这有助于我们最终抛弃自己无能的基本信念。不过，我现在就给你准备了一个小练习，这个练习应该可以帮助你获得对人生道路更积极的认识，并促使你明确你曾经成功地克服了哪些困难。你对自己过往的成功看得越清楚，这些信息就越会沉淀在你的思维中，渐渐瓦解"我做得不够好，不知何时我就会露馅儿"的基本信念。所以，为应对接下来真正的挑战，你现在就需要在内心世界里做好准备。

练习 2：我的 100 次成功

这个标题已经说明了一切，或许你得好好思考一下才能明白你所面临的是什么任务。是的，这个练习就是要你写下你人生中已经取得的至少 100 次的成功。要是你此刻羞愧地想到自己的成功加起来或许只有 20 次或最多 40 次，我想提醒你的是，你儿时就已经成功完成了许多挑战：你学会了说话、走路、骑车、游泳、阅读、写字和计算等。即便年代久远，也不要忘了你取得的那些成绩。很可能你还不得不忍受那些令你心情沉重的情境（校园暴力、家庭不和、父母离异、搬家等）。你或许获得过奖项或者什么称号——即便在你眼里它充其量只是一个安慰奖。你一定也应对过情感挑战，并成功完成了感情的修炼：你经历过初恋，有过第一次心碎、第一个确定关系的对象等。这些情境可能令你心情沉重，因为它们当时或许伤害了你。为了成长，你克服了诸多困难。我深信，基于这些体验，你肯定能想到远比这区区 100 个更多的成功事例。

将你的成功事例填入练习清单 2 中。你要多花一些时间来做这次练习，不必在一天内写完，你可以每天写一点儿，向你的家庭成员询问重要的生活事件，在积灰的地下室或屋顶阁楼里翻出来当年的日记、证明或证书，翻阅童年和青年时期的相册。你越深入地探究自己的过往，就越能回想起自己人生中的各种成绩。只有当你记满 100 条时，探究才算结束。我甚至想建议你永远不要停止记录，练习清单 2 里的成功事例，如今明显超过了 100 条，今后会越来越多。

注意！在成长的过程中，每个人都需要应对艰难的局面。然而，这些成长阶段通常根本不为我们所知，或者被我们视为理所当然的事。

你的练习清单 2 越长，你能在自己身上观察到的变化就越大：如果你看到自己面前汇集了一大堆你曾成功应对的局面，你就不会无动于衷了。你脑海里存有的那些认识，远不如你眼前的白纸黑字有分量。你那"做得不够好"的基本信念将会随着记录的成功事例越来越多而慢慢地被粉碎。此时，你便可以进行下一步的改变。

练习清单 2：我的 100 次成功

1. _____
2. _____
3. _____
4. _____
5. _____
6. _____
7. _____
8. _____
9. _____
10. _____
11. _____
12. _____
13. _____
14. _____
15. _____

16. _____

17. _____

18. _____

19. _____

20. _____

21. _____

22. _____

23. _____

24. _____

25. _____

26. _____

27. _____

28. _____

29. _____

30. _____

31. _____

32. _____

33. _____

34. _____

35. _____

36. _____

37. _____

38. _____

39. _____

40. _____

41. _____

42. _____

43. _____

44. _____

45. _____

46. _____

47. _____

48. _____

49. _____

50. _____

51. _____

52. _____

53. _____

54. _____

55. _____

56. _____

57. _____

58. _____

59. _____

60. _____

61. _____

62. _____

63. _____

64. _____

65. _____

66. _____

67. _____

68. _____

69. _____

70. _____

71. _____

72. _____

73. _____

74. _____

75. _____

76. _____

77. _____

78. _____

79. _____

80. _____

81. _____

82. _____

83. _____

84. _____

85. _____

86. _____

87. _____

88. _____

89. _____

90. _____

91. _____

92. _____

93. _____

94. _____

95. _____

96. _____

97. _____

98. _____

99. _____

100. _____

这个练习还会起到如下作用：你会认识到，能力不是处于一种要么有要么无的静止状态。你可以有意识地让自己进步，逐渐提升自己的能力。那些你现在看来或许还做不到的事，不出几年，就会变得轻而易举。7 岁的孩子经常要拼读一个个字词，他们将读完一整本书视为巨大的成就。如今，即使有错别字，你也能一眼看明白一个句子的意思，几个小时就可以消化一本引人入胜的书。这对童年时的你而言，是无法想象的，而今你却易如反掌。你从来没有停止过进步。那些你目前要花大力气去应对的挑战，不知哪天就会变成家常便饭，轻轻松松地完成。将你记录的练习清单 2 逐条过目，对那些儿时似乎无法实现，而今赫然在目的成绩予以应有的肯定。

收集反证

我们都在寻求某种证明。当我们坚持某种看法时，与我们的认知相一致的事物就会先映入眼帘，并留存于记忆之中。因此，倘若我们认为不能相信政客，就会记住诸多腐败或管理不善的例子，而那些认真工作的政治家或许就会被我们忽略。大脑的运作方式有点儿像互联网产品的算法程序：它展示给我们的是我们想看到和想听到的事，成千上万条其他事实淹没其中。这种自我强化的机制虽然令人舒服，但是对于改变我们对自身的看法而言，是一块绊脚石。如果我们眼中只有能证明自己无能的例子，又怎么能习得"其实我们根本不那么差劲"这一认知呢？为了摆脱错误的自我评估，我们必须积极地收集反证——虽然它们不会那么轻易地引起我们的注意。前两个练习已经让我们起步，帮助我们更好地感知自身的长处。如果能同时关注他人对我们的积极反馈，我们就会更加坚定。

从第二章中获知，我们会首先处理那些对我们而言是威胁的刺激。而且当我们怀有对露馅儿或被揭穿的恐惧时，就更容易感知到周围的人不好的情绪，并觉得这些都是自己的责任。事实上，这些情绪与我们毫不相干。与此同时，我们会忽略其他对我们而言不危险的刺激。马拉也曾遭遇这种情形。她曾因为害怕自己不能自信地予以反驳，就立马发觉自己讲话结结巴巴，声音颤抖。相反，她完全感知不到对方的无言以对和其他与会者赞许的微笑，这些都需要她的朋友事后告知她。如果马拉从现在开始有的放矢地关注她周边积极的反馈，并收集自己有能力的证明，她就会更多地注意到其他人对她工作的好评。

当年，刚开始供职于那所身心健康医疗机构时，我也不怎么相信自己的能力。我私底下会对那些患者感到抱歉，抱歉他们得将就于我，没能接受更有能力的心理咨询师的治疗。不知不觉中，我收集了很多我无能的证明：要是一名厌食症患者的体重一再下降，我马上就以为这是我的错；要是一名抑郁症患者有自杀意向，我就归罪于自己。我在某一时刻幡然醒悟，然后开始积极地扭转局面。我在自己的办公桌里专门设置了一只"信心抽屉"，将患者送给我的各种卡片和信件保存在那里。就连同事给我的感谢便条，也被放入那只抽屉。渐渐地，抽屉里收藏了一堆相当可观的证据，它们证明我不是那么糟糕的一个人。之后我再对自己挑刺时，就抽出时间静下心来翻一翻这只抽屉。渐渐地，我改变了自己不是一个好心理咨询师的想法。

你一定也忽略了很多认同自己的信号，因为你不曾关注过它们。请有目的地着手，更多地聚焦于周围的人对你的积极反馈吧。

练习 3：我似乎并没有自己想的那么糟糕

在接下来的几天里，你要有意识地去关注周围的人。你能找到哪些证据，可以反驳你"做得不够好"的想法？先将注意力放在那些非语言信号上，比如一个微笑或一次点头。你要收集别人对你的积极反馈，并在别人赞同你的意见或托付给你重要的事情时记录下来。这些都表明，他们相信你——这可不是因为你是一个手段高超的骗子。

和练习清单1一样，每天找出至少3件能证明"我够好"的事，将它们填入练习清单3中。在进行这个练习的过程中，你会发觉，感知是逐渐得以强化的，你能注意到的强化积极感知的事件变得越来越多。在下一章，我们将对消极的自我批评寻根究底。你收集的反证越多，改变对自己的看法就越容易。

本章结束时，请你再做一个总结，从中找出这些练习对你有什么效果，以及哪些方面还隐藏着内在阻力。为了一鼓作气地改变，你还能做些什么？

自我反省

如何改变我的关注焦点？

> 我感觉收集自己的长处和成绩是否正确？

> 对此冒出了哪些顾虑或基本信念？

> 通过练习，我的感知有哪些变化？我可以观察到练习对我的想法有哪些影响？

> 如何能持续强化积极的感知，并使之成为日常？

练习清单 3：我似乎并没有自己想的那么糟糕

这个练习可以帮助你对自己的基本看法寻根究底。每天至少记录 3 件表明他人对你和你的表现满意的事。

周一

_____

_____

_____

_____

_____

周二

_____

_____

_____

_____

_____

周三

_____

_____

_____

_____

_____

周四

周五

周六

周日

第六章　赶走内心的批判者

　　奥利弗就像一个考试没考好的小男孩一样，坐立不安，眼睛盯着地面，看上去心事重重。"怎么了？"心理咨询师问道，"上次的练习是否遇到了困难？"

　　"哦，是的！"奥利弗似乎对这样的开场白很感激，急切地倾诉道，"我真的努力寻找自己的长处了。真的！而且，我也记下了一些事情。可是，每当我想要记录某件事时，脑中就会响起一个声音，问我是否真想非常认真地将这种没用的东西记录下来，这种事真的每个人都能做到。然后，每次记录都让我感觉很不舒服。每当我找到一些积极的内容，就会同时想到更多消极的事情。我想，在这方面我特别无能。"

　　"我倒是更想说，"心理咨询师微微一笑道，"你内心的批判者特别能干。不过，别担心，很多有冒名顶替综合征的人都是这样。

因此，你说你完成这个任务有困难，我也不吃惊。今天我们本来就要来具体谈一谈如何积极地看待自己这个问题。"

"我设法抹去这些念头，"奥利弗叹息道，"可是，它们如此顽固，我无法迎难而上。""这并不奇怪，"心理咨询师回答道，"毕竟你多年以来一直采用消极的思维方式。我猜，你已经实践了几十年，不是吗？"奥利弗思索着："是的，小学时我就恐惧考试。如果哪次考试的某个知识点我不懂，我就会把自己搞得精疲力竭。""你瞧，你如此了解消极思维，那么你也得学一学积极思维。只要够努力，够认真，就像对待其他事情一样，你就能学会积极思考。它首先也是一个练习的问题。"

或许你与奥利弗一样，一直贬低自己的成功和长处。这在有冒名顶替综合征的人身上很常见。如果能够轻松地做到只聚焦长处，摆脱觉得自己无能的想法，你就可以找到问题的解决办法。其实，重要的不是你感知到了什么，而是你如何诠释自己的观察所得。因此，我们现在需要有针对性地来处理第二层面：你的评价。

放大镜下看内心的批判者

如果一直消极地看待自己，你就不能摆脱冒名顶替综合征。不管拥有什么样的成就，你都会一直重复说一些你完全不配获得这些成就或自己太过平庸之类的话。好像不管做什么，你身边都有一个贬低一切的批判者如影随形。当你犯错时，他会立马对你说："怎么就那么笨呢？"即使你获得成功，你内心的批判者也不满意："你本来可以做得更好！"你脑子里每天充斥着这些贬低自己的话，就算再努力，也建立不起合理的自我评价系统。还不止这些：你会更加恐惧地走完你的人生，因为你一直不断地臆想别人会识破你的"诡计"。

注意！我们不能停止思考。不过，我们可以为思考提供另一种方向。

　　停止消极地看待自己绝非易事，因为我们根本不可能停止思考。就像足球比赛的解说员一样，对于看到的所有画面，我们都在脑子里给予评论。我们感知着一切，并闪电般地得出结论。在这种状态下，我们做出的判断常常是，我们就是无能的人。

　　日复一日，这种评价不知不觉地进行着。我们早已习惯脑中的喃喃自语，尽管我们不去在意它，可它还是对我们的自我镜像产生了深刻影响。如果我们不断地想着自己的业绩还不够好，就不会相信那些赞誉之词，无法接受别人的赏识，对表扬进行冷处理。即便我们会短暂地积极看待自己，无处不在的内心的批判者也会复述我们所有的过失，向我们解释是别人弄错了——更糟糕的是，我们欺骗了他人，所以是冒名顶替者。

　　因此，我们必须给这种持续不断的自我批评设置障碍。不过，我建议你，首先反其道而行之：先认真倾听你内心的批判者的声音。因为你要了解自己每天的所思所想。

练习 4：我自发的想法及其唤醒的情感

这一练习最好选在空闲的一天进行。你需要一个定时器，把它设置为每 15 分钟轻轻蜂鸣一次，每当蜂鸣声响起，就注意一下自己此刻正在想什么。

将这些想法尽可能详细地记录在练习清单 4 的第一栏中。不要仅仅写上："我想到了工作。"最好写上："领导今天因为这件事，情绪真的变得很糟。他对我会有什么期待？"通过这种方式，你在之后记录评价时也可看到当时脑子里冒出的是消极的还是积极的想法。

你会发现，不是所有的想法都是围绕自己转的，你经常附带评价周遭的人和事。其中当然会包括对你自己有所伤害的想法（比如对周围人的消极看法，对这个世界糟糕的一面的看法），也包括对你颇有裨益的想法（比如对未来的积极展望）。

将脑子里浮现的所有内容都记录下来，思考每一个想法的利弊。在练习清单 4 的第二栏中写上你此时的情感，比如恐惧、愉悦、愤怒或失望。

我们的想法对情感具有决定性作用。如果我们不断地重复对自己说，世界多美好，明天会有开心的事等着我们，我们有多令人喜欢，那么我们对生活的态度就会满意居多。相反，如果我们对自己说，还有很多让人讨厌的任务等着自己去完成，或者上次结算时出了个错，自己肯定会因此受到领导的批评，那么我们就会以恐惧或紧张的心情开始一天的生活。

练习清单 4：我自发的想法及其唤醒的情感

想法	情感

通过写下情感，你很快就会发觉想法与情感之间的关联，并区分出来哪些情感对你有利，哪些会拉你下水。此外，你还能确定的是，哪种情形下你会做消极评价，哪种情形下你更愿意平和或积极地与自己相处。总而言之，会有一些容易让我们产生自我怀疑的人生领域，同时也会有一些让我们更为自信的人生领域。

当一天结束时，呈现在你面前的会是一份相当长的想法和情感清单。现在来看一下，哪些消极想法（也可能变化为别的形式）一再出现。下一步，我们将对这些内容做具体探讨。

消极想法的意义

你是否曾经自问：为什么我对自己那么残忍？我曾自问过，也定期对我的患者提出这个问题。在此，我汇总了一些常见的回答。

> 因为一向如此。

> 因为自小就被灌输了这样的想法。

> 因为人们一直对我说，我不该骄傲自大。

> 因为我怕高估自己。

> 因为我想避免失望。

> 因为我不想丢脸。我给自己好评，别人的看法却完全相反，这多让人难堪？

> 因为我不想犯错。

> 因为我绝不想成为像我父亲、同事、奥托（Otto）叔叔那样的人。

> 因为我不想成为狂妄自大的人。

你肯定也有严以律己的理由。多数情况下，我们想要通过自我批评来保护自己不受敌视，不令别人失望。我们害怕自己会出丑或变得自负，害怕一旦犯错，他人就可能会疏远或攻击我们。只有知道讲自己坏话或总是想着自己的缺点的原因，我们才能探究背后的动机，并推动自己转换思维方式。

在心理咨询师的帮助下，奥利弗认识到一个事实：因为害怕自己对待事物会掉以轻心，所以他忽略自己的长处。倘若哪次他认为自己做得足够好了，就意味着存在一种危险——他因此得过且过，从而不能满足周围的人对他的要求。奥利弗最大的恐惧是周围的人对他失望。因此，他试图事先猜测别人的愿望和需求，就好像那些都是对他的期待。由于对"为了实现别人的期待，自己还需做得更好"这一点深信不疑，他设法通过自我批评的方式，让自己永不停止自我教育。"为了做得足够好，我必须变得更好"和"我不可以让任何人失望"这两种基本信念，是让他内心的批判者勤恳工作的动力。

你也应该明白是哪些基本信念一直在引发自己持续不断的自我批评，只有这样，你才能针对性地探究自我批评。

练习 5：我习惯消极思考的原因

你大概需要 30 分钟进行这个练习。请再次拿起练习清单 4，逐条审视。看到每一个消极的想法时都思考一下，这个想法会产生什么作用？相反，如果你在这一刻的想法是积极的，将是什么结果？将你自我批评的所有理由都填入练习清单 5。

但是练习并未就此结束。练习清单上的东西只是对你的思维方式做了浅显的解释。那些真正的动机可能隐藏其后，与你刚刚写的完全不同。如果你想找出是什么真正引发了你进行自我批评，则先要向孩子们看齐。孩子们会一而再，再而三地询问"为什么"，一直问到父母给出的答案满足他们的好奇心为止。现在你也要来做完全相同的事：探究一下迄今为止列于清单上的所有动机。比如，你写了不想变得自负，那请思考一下：为什么我不想变得自负？否则会有什么可怕的事发生？审视一下你的答案，探究一下背后的原因。

通过这种反复追问，你会更清楚地发现自身的动机，继续寻根究底，对自我和自己的基本信念做深入分析。这样的记录和探究要持续到自己感觉找到了正确答案（或许不止一个）为止。当你获得一个令自己满意的答案时，将它写在相应的那一栏。你要大胆地写下那些为社会所不喜甚至非常自私的动机。你对自己越诚实，就越能理解自己以及不断做自我批评的原因。

或许你会确定一点，即你的根本动机与你所扮演的角色有相关性。由于恐惧被开除或被抨击，我们频繁地做自我批评。这便涉及下一章将论述的社交恐惧。不过，我们首先必须对那些消极想法有所了解。

练习清单 5：习惯消极思考的原因

我的消极想法	借此我要达到……
	我为什么要达到这一目的？
	这能满足我的什么需求，避免
	哪种危险？

以下是"摧毁"我自己的真正原因

审视自我贬低的思维

有一件事是有冒名顶替综合征的人尤其擅长的：怀疑！我们怀疑自己，怀疑所获得的赞美之词的真实性。有时候，我们甚至怀疑那些刚刚向自己表示赏识的人是否理智。但是，有一样东西我们不怀疑，那就是我们的基本信念。

所以，是时候来仔细看看，我们是基于何种理由以及如何快速地得出所谓的结论的。以马拉为例，她刚刚收到领导一封简短的邮件，领导想约她明天下午两点见面聊聊。马拉的大脑立马开始高速运转："他想跟我谈什么？"她确信一点，这样的"传唤"不会是好事：或许老爷子在她上次完成的工作中发现了错误，或许他发现她前些日子心不在焉。昨天他俩在走廊上碰面时，领导都没跟她打招呼。要是他发现她其实根本没什么能力，怎么办？要是她的聘用合同不再续签了，怎么办？这一天剩下的工作时间里，马拉的情绪都非常紧张。当晚她没睡好，在脑海里描绘了各种灾难场景。

可是，究竟是什么让马拉得出这种结论的呢？从明面上看，我们只是知道，领导要找她谈话，前一天他没跟她打招呼。但是她前几天心不在焉，主要是她自己的感受，应该没有引起周围的人的注意。她想象中的其他所有的事都是她自己的理解。领导路过时没跟她打招呼可以有多种理由，或许他正巧在想别的事，根本没注意到马拉。领导要找她谈话也可能有很多原因：也许领导要从她这里得到一个反馈，也许有新任务要交给她。对于一位领导想见他的下属，你肯定能想到更多的理由。马拉害怕自己的工作可能不保，是太过武断的结论，是基于她心中的"我（做得）不够好"这个基本信念。

注意！令人惊讶的是，我们的结论常常较少以事实为依据，它们往往基于基本假设和固有的信念。

请再通读一遍练习清单 5 的内容。你在清单上写下了自我批评的原因——你想要避免某些危险的发生或者满足某些需求。可是，你从未问过自己那些推演是否有依据。

比如，奥利弗以为他要努力不让周围的人对他失望。可是，要是周围的人其实并没有对他抱有所谓的期望，情况会如何？奥利弗从未认真地探寻一下人们对他有何要求，他从未求证过他的基本假设是否成立。

你遇到的又是怎样的情况呢？如果你保持自谦，避免犯错，激励自己不断地取得最佳成绩，仍不能保证会一直顺顺当当地走过这一生。你想通过自我批评来避开的那个臆想的危险，也许根本不存在。所以，认真检查一下你的基本假设，这很重要。

你持有某种基本信念生活的时间越久，就越少深究它们。大脑有一个不成文的习惯："因为我一直就这么以为，所以这一定是对的。"可是，这种结论具有欺骗性，也可能这些年来你一直误会了，而且在有冒名顶替综合征的人身上，这一可能性更大。

注意！我们不应完全相信我们的所思所想。我们的许多基本假设都是基于童年的思维，是错误的。

那些一再摧毁我们的话，或许不是源于我们自身，而是我们偶然从他人那里听到的说法。这些说法往往来自我们的童年生活，是我们从父母、亲戚、玩伴或其他重要的相关人员那里听到的。随着我们汲取的这些"处世之道"的增多，我们的内心世界就形成了一个批判者。自那一刻起，我们不再需要任何老师来督促我们做出成绩、遵循各种规则，所有这些我们都能自主完成。

有一点我们必须明白：这世上没有一成不变的事。我们早已长大成人，孩子对大人告诉他们的一切信以为真，很久之后，他们才学会去探究那些说法。此外，孩子的思维也常走极端。对他们而言，只有"会或不会""有或没有""对或不对"，非此即彼。他们没有能力辨识灰色区域，因此内心的批判者从孩童时期就出现了。倘若我们以自我批评模式上路，就会自动倾向于以偏概全，并得出错误的结论。

马拉便是如此：她收到邮件便马上担心领导对她的工作不满意，会在约定的谈话中批评她。她害怕受到斥责，失去他人的好感。这是一种孩童的恐惧，与她所做出的业绩并不相符。可是在那一刻，马拉无法意识到这一点，她完全忘了自己已成年且独立这个事实。

我们需要让自己知道，脑子里那些自我批评的句子并非出自一个无所不知的人，而是来自童年时期的我们。我们需要审视一下自我贬低的思维。

练习 6：我内心的批判者说得有理吗

在练习清单5中，你写下了那些引向自我批评的消极的想法和恐惧。你现在已经明白了，这些都是基于错误的基本假设。现在，找一找其中哪些是对的，哪些是儿时的恐惧留下的印记，并由此产生了扭曲的认知。

通读一遍你写下的那些句子并审核一下，哪些支持你内心的批判者，哪些反对？在此过程中，你要以事实为依据（比如可观察到的周围的人的态度），摒弃盲目的诠释和猜测。也请问一问自己，倘若你的基本信念（比如"我做得不够好"）发生转变，你是否会得出相同的结论？

转换视角也大有裨益。思考一下，如果不是评判你自己，而是你最好的朋友或一个与你毫无关系的陌生人，你会写些什么？这需要很多的练习，不过之后它能给你一种"原来如此"的体验。随着时间的推移，你会愈加顺利地辨识出你对自身的武断看法，也会愈加清楚地觉察到你在什么时候又开始像孩子一样非黑即白地思考了，不会再盲目且幼稚地听从内心的批判者的声音。

过去，马拉经常消极地想："只要我犯错，我的成绩就一文不值。总有一天我的领导会察觉到我做得不够好，将我辞退。"当她忙于找出那些能支撑她的基本假设的证据时，根本就想不起事实究竟是什么样子了。再进一步看，她注意到自己的恐惧主要在于失去工作，职业前景突然间变得渺茫，这些恐惧唤起了她消极的想法。不过，她可以立即拿出更多相反的证据，比如领导经常在所有人面前表扬她，不久前领导才分配给她一项责任重大的任务，而且她也不记得公司内部发生过因为员工出现微小的错误就被开除的案例。转变观点之后，马拉明白了一件事：若是同在一家公司工作的朋友犯这种错误，她绝不会以为朋友立马就会被辞退。经过思考，马拉再一次认清了她对自己的评判有多严厉，她的许多担心并不合理。

现在，借助练习清单6，审视一下你对自己的看法。

练习清单 6：我内心的批判者说得有理吗

我常常会出现的消极的想法：

支持：	反对：

这些想法中有哪几个仅仅是基于我的基本信念？

_____

_____

_____

别人如何评价我？

_____

_____

倘若是我最好的朋友遇到这种情况，我会如何评价他？

_____

_____

让内心强大起来

最理想的情况是，我们可以让内心的批判者闭嘴。但是，想摆脱他并非易事——他毕竟是我们人格中的一个重要部分，伴随我们多年。不过，我们可以将他的话客观化。这样一来，我们就迈出了第一步，因为我们开始不再理所当然地接受那些消极的想法，而是加以探究。

接下来，我们将学习以客观甚至积极的态度去抵制那些消极的想法。在编写本书的过程中，我也一再听见我内心的批判者告诉我："你的处女作撰写得要好得多，这本书要么让你的读者感到无聊，要么让他们觉得太难理解，肯定会令他们失望。"这常常让我垂头丧气，兴致全无。如此一来，我就难以进行文稿的修改。我得先找到一种途径，来抵制我心中那吹毛求疵的批判者的消极的话语。从那时起，每每提笔，我都对自己说："每修改一次都会让这本书变得更好理解一点儿。"这句话激励着我，每当我真的找到一种更好的行文风格或者一个更通俗易懂的例子时，我都能感知到进步并驳倒我内心的批判者。现在摆在你面前的这本书，证明我的战术可行。

> 注意！我们难以下意识地阻止自我批评和自我怀疑，但是，我们可以用积极的认知来抵制它们。

可是，怎么才能获得一种积极的认知方式呢？你所需要的是一种投向自己和周围的人友善的目光。在你的周围一定有人待你友善，所以，你可以问一问自己："我的朋友对此会怎么说？"或者："我的心理咨询师会有何反应？"一再思考这个人会怎么做或给予什么建议，会令自己产生一种对此人的内心映像，心理学家称之为内向投射，即内化。归根结底，你内心的批判者其实也是一种内向投射。如果你仔细倾听，也许可以从内心批判者的句子里发现你的父亲或者某位老师的影子。你与这些人合而为一，一再听到这些人说的话。所以，内向投射行得通，你可以让这种机制为己所用，为自己创建新的、积极的内向投射，让你内心的批判者受到约束，不再喋喋不休。

练习 7：一位有亲和力的陪伴者

练习清单 7 可以帮助你找到一个很关心自己的榜样人物。这个人越清晰地站在你面前，你对这个人的处事方式了解得越具体，就越能更好地观察并习得他的行为。

你的榜样人物面对某种特定情境会怎么做？请记下榜样人物的典型话语及典型行为方式。这项任务需要你静下心来多花几天时间完成，以学习他人更积极的认知方式。

练习清单 7：一位有亲和力的陪伴者

谁对童年时期的我友善并且是一个正面榜样？请列举至少 3 个人。针对所列举的每一个人，回答下列问题。

人物 1

此人典型的话语和行为方式是什么？

_____

_____

_____

_____

他会对目前的情况、我内心的批判者说什么？

_____

_____

_____

_____

为了给予我支持和帮助，他会做什么？

_____

_____

_____

_____

此人典型的话语和行为方式是什么？

_____

_____

_____

_____

他会对目前的情况、我内心的批判者说什么？

_____

_____

_____

_____

为了给予我支持和帮助，他会做什么？

_____

_____

_____

_____

人物 3

此人典型的话语和行为方式是什么?

_____

_____

_____

_____

_____

他会对目前的情况、我内心的批判者说什么?

_____

_____

_____

_____

_____

为了给予我支持和帮助,他会做什么?

_____

_____

_____

_____

_____

一再默念榜样人物典型的话语，模仿那种关怀式的待人之道，你会发觉，随着时间推移，你对自己越来越宽容和友善。但这不仅仅是对自己，附带的效应是你会同时发觉，你对自己周围的感知也不同以往。因为我们总会在不知不觉中假设其他人的思维与我们相似。如果针对每个错误你都严厉地批评自己，那么你会自动期待别人也有类似的行为。但如果你对自己更宽容，那么你也会减少关注周边人的反应，也能更友善地对待他们。

当然，光是纸上谈兵还不够，你必须在日常生活中加以运用。因此，在工作中，在与人交往时，在做自己感兴趣的事情时，你也需要练习转变自己的观点。练习的时间越长，内心有亲和力的陪伴者陪伴你的时间越长，你就越能抵制内心的批判者。

可是，如果你的生活中未曾有过任何正面的榜样，那该怎么办？你可以自创一位有亲和力的陪伴者。想象一下，如果你的孩子或你最好的朋友处于你目前正经历的这种情形中，你会对他们说些什么？你一定不会说："活该！""领导不喜欢你，我毫不奇怪。"相反，你会安抚他们，为他们提供另一种视角，列举他们的优点，向他们提供解决方案。下面是练习清单 7 的补充表单，它可以帮助你在身边没有一个正面的榜样的情形下，找到一种积极的与自我相处的方式。

练习清单 7 的补充表单

当前的指责：

_____

_____

_____

_____

_____

我会对朋友说什么？

_____

_____

_____

_____

_____

要是我的孩子受到指责，我会怎么对待他？

_____

_____

_____

_____

_____

在本章中，你了解了我们的想法掌控我们人生的程度有多深，因此，抵制消极的想法就显得越发重要。我们需要多多练习，以习得一种更关心自我地看待事物的方式。

在我们转到下一章所论述的情感之前，请再次对自己做一下分析。

自我反省

如何制止我内心的批判者？

> 内心批判者的话让我想起谁？童年时我经常在哪里听到这些话？

> 我的自发思维是怎样的？在哪些方面我特别爱批评自己？

> 我的自我批评有什么益处？此时我想避开哪种危险？想达到何种目的？

> 可以让我默念的有益的句子有哪些？

> 为给予自己更多关怀，我可以以哪个人作为榜样？

> 有何途径能让我在日常生活中也想起有亲和力的陪伴者？

第七章　做自身情感的主人

　　驱车上班的路上，马拉满怀信心。如今她已经知道自己在自身能力方面欺骗他人的那种折磨人的情感叫作冒名顶替综合征，并且自己不是唯一为之烦恼的人。自那以来，马拉第一次看到一抹希望的曙光，她终于明白自己到底是怎么回事了。前几周，她如饥似渴地阅读了网上能找到的所有关于冒名顶替综合征的信息。她点开了一个又一个网页，不断地搜寻着更多的相关信息，与心理咨询师的几次谈话也让她备受鼓舞。她想，今天的专题演示与以往相比一定会有所不同。

　　可是，在面临新的挑战时，马拉开启新的一天的饱满情绪迅速消退了。在等待上台演示的过程中，她开始躁动不安，对失败的恐惧又卷土重来。"我对自己的判断是不对的，"她一再安慰自己，"我做得比自己以为的要好。我真的很好。"可为什么现实给她的感觉并非如此？

马拉颤抖着走上讲台。那一刻，所有人的目光都集中在她身上。她脸颊发烫，一开口就语无伦次。"一点儿用都没有！"她绝望地想着，"我一直默念'我不可以相信自己的思维和判断'这句话，可我还是走不出这个恶性循环！内心的这些情感简直太强烈了。我不能被恐惧左右，我需要一个对策，但愿心理咨询师能给我建议。"

现在我们已经知道，我们需要质疑自己那些消极的自我判断，并形成积极的想法。但是，光知道这些还不够，因为无论我们在心里默念多少遍某个情境不危险或者不必害羞这样的话，我们依然会有逃避甚至钻入地洞的想法。这些情感并非简单地按一下消除键就能消失，但是，仍有削弱和影响它们的途径。不过，我们首先要了解这些情感有哪些作用，以及它们是如何产生的。

为何情感关乎生死存亡

冒名顶替者主要有 3 种情感：恐惧、羞耻和内疚。这 3 种情感中的任何一种都令人不适，但是都有其存在的意义。

除了爱，恐惧是最影响行为的一种情感。不过，它并非一无是处，要是我们生来就毫无畏惧之感，人类早就消亡了。倘若我们的祖先没有因恐惧而本能地从剑齿虎面前快速逃离，他们便难逃一死。恐惧是我们生存的一种保护机制，因此，它必须非常强烈，强于饥饿或疲倦等其他所有感受。否则，当家中大火蔓延时，我们只会想着先把饭吃完，而非及时逃离火场。幸运的是，如今日常生活中发生关乎生死存亡的事的可能性微乎其微。即便如此，我们的恐惧依然存在。

有冒名顶替综合征的人首先受到恐惧失败的折磨。他们担心犯错或被他人疏远。此外，他们还担心被当作骗子揭穿而出丑。这些恐惧感一如羞耻感和内疚感，都属于社交恐惧的范畴，它们原本是用来保护我们免遭社会排斥的。羞耻感向我们表明，我们当下的行为举止不合时宜或不合乎规则，这种令人不适的情感提醒我们下一次采取不同的行为方式。要是某件事让我们特别难堪，极有可能我们短期内都不想再有类似的体验。

内疚感能让我们融入社会，成为团体的一部分。这种情感提醒我们没有恰当行事，让我们萌发道歉、改正错误的冲动。产生羞耻感和内疚感说明我们在意自己是否被他人认可和喜欢。这些社交调节元素可以保护我们不被疏远或攻击，因为只要我们的行为合乎规范，与人相处就不是问题。一旦我们不遵循规则，与群体的联结就会快速中断。

恐惧感、羞耻感和内疚感均源自我们的祖先。在原始社会，被逐出部落即意味着判处死刑。这仅仅是因为原始社会的人们不具备个体生存能力。对他们来说，成为一个群体中受尊敬的人，是关乎生死存亡的要事。这种原始的恐惧如此强烈，并根植于我们的内心，时至今日仍让我们的人生过得相当沉重。

注意！有些想法同样会在我们内心触发强烈的情感，让我们身临其境般地感受到祖先的恐惧。

这些情感是如何产生的？我们大脑的边缘系统负责情感的产生。这是一个无法随意控制的大脑分区，它与视觉中心和大脑皮层紧密相连。大脑皮层又是思维和评价产生的地方。当我们感知到各种外部刺激（如图像、声音、触感和气味）或者进行思维活动时，情感会被触发。比如，闻到自己最爱吃的东西的气味时，你就会马上胃口大开，满怀期待。当然，即便想一想即将上桌的饭菜，也足以让人产生同样的感觉。在这两种情况下，大脑的边缘系统被激活，唤醒了我们对食物的愉悦感。

我们的情感可以通过两种方式产生，即正常路径和快速通道。正常流程下，一个刺激先到达大脑皮层这个"信息加工处理的中控室"并在此得到诠释，我们会凭借以往的经验，评估所感知到的刺激是令人愉悦的还是具有危险性的。紧接着，这一评估信息被传输到情感中心，再唤起相应的情感。因此，内心的信念对我们如何评价一个刺激以及在特定情境下有何情感，有着非常重要的影响。

只是我们的理智并非一直"在线"。当危险临近时，倘若我们要先判断这一情境是否真的具有威胁性，恐怕会悔之晚矣。我们做出判断所需的那几秒钟就可以决定生死存亡。因此，为了不浪费时间，我们的大脑事先存储了某些刺激，当遇到危险时，这些刺激被迅速传导到边缘系统。这种直接产生的恐惧反应，在患有蜘蛛恐惧症的人身上尤为明显——他们还没有亲眼看到蜘蛛，光是听到"蜘蛛"二字，就已经吓得发抖了。所以，这种刺激直接传递到情感中心，情感中心旋即唤起恐惧。稍加延迟后，大脑皮层才补传对情感的诠释，即此时此刻事关一只蜘蛛。

注意！情感并不能由理智控制。因此，我们根本无法控制自己的恐惧。

那么，这对我们而言意味着什么？首先，这是一个事实，我们不能直接控制自己的情感。如果我说："请抬起双臂。"如果你愿意，就会执行这一指令，当然，你也可以不做这个动作。但是，如果我说："现在你要生气。"你就会觉得很难做到，因为你首先需要受到相应刺激或者产生生气的想法，才能触发这种情感。反之，不让自己生气，同样难以做到。仅仅下决心要让自己开心、生气、不再恐惧或者不再伤心，是不够的，我们的大脑还做不到这一点。

从大脑的运作方式中，我们还学到一个重要的内容：当我们必须迅速做出反应时，情感会随之产生。我们还没来得及形成一个清晰的想法，激素和电脉冲就瞬间在体内涌动。这也是很多人往往更相信情感而非理智的原因。如果恐惧的激素已经涌遍全身，我们又怎么能冷静地思考，并对自己理智的想法深信不疑呢？

马拉曾有相同的体验。离演示的时间越近，她就越觉得心慌、紧张。在所有目光投向她的那一刻，这种刺激直接唤起了恐惧。她事先在内心默念的那些让人镇静的句子，在这一刻都不堪一击，因为大脑的边缘系统已被激活，肾上腺素喷涌而出。

注意！恐惧是天生的。不过，我们恐惧的对象是后天通过教育、自身体验和观察习得的。

尽管如此，我们并非只能任凭情感摆布，而是可以通过多种途径去影响它们。一种刺激不会自动在所有人身上唤起相同的情感反应。并非每个人在看见蜘蛛时都会紧张抽搐，也不是每个人在处于人群中心时都会因恐惧而汗如雨下。恐惧、羞耻或内疚的倾向是由基因植入的。但是，究竟是什么令我们膝盖颤抖？又是什么令我们良心不安或者羞得想要钻入地缝？对不同的人来说，原因千差万别。

或许你幼时常常受到母亲的教导：不要与陌生人说话，走在路上时要小心车辆。这种危险意识并非在出生时就已设定好，而是慢慢培养的。通过不断重复，我们会内化某种情境，认为它将带来危险，并且在处于那种情境时做出恐惧反应。因此，原生家庭的价值观和世界观对你今天害怕什么、不害怕什么起着至关重要的作用。如果在成长历程中，你身边的人总是很在意外界的看法，慢慢地你就会变得拘谨不安，总想知道别人会怎么想。历经多年，你内化了这种行为，并习得一点：处于风言风语的中心是一种灾难。

但是，情感更多的是从事件结果中习得的。如果你曾经发生过一起严重的汽车交通事故，重新上路后，你刚开始或许会有一种不适感；如果幼时的你因为口吃被其他孩子嘲笑过，可能每当你开口说话时都会变得不自信。因此，影响我们的还有体验，对坏结果的记忆印刻在我们的内心深处。我们一旦处于类似情形之下，就会引起恐惧。心理学家称之为"条件作用"，也就是说，一旦出现一种与危险相联的触发物（一种刺激或一种情境），我们马上就感觉到害怕。

我们的大脑极其善于避免身心痛苦，这使得我们不必身临其境去忍受令人不快的体验。只要目睹他人被惩处或受害，就足以引发我们在相同情境下的恐惧反应。这就是所谓的"杀一儆百"。

有冒名顶替综合征的人或许曾无意间听到其他小孩如何在背后说一个同学的坏话，取笑那个同学，或者他们本身就曾是被嘲笑的对象，那样的体验会影响终身。从那一刻起，当事人无论如何都不想（再一次）受到嘲笑并因此产生不好的感觉。所以，他们试图避免将来有同样的体验。然而，不知不觉中，他们的行为导致了恐惧感挥之不去，甚至愈演愈烈。因为要是他们成功地回避了臆想的危险，就会放松。这种放松再次让他们相信，那样的情境的确会令人不适。这样一来，他们内心的压力增大，对失败的恐惧增强，并且做得不够好但又不想露馅儿的情感会越来越占上风。

> 注意！如果总是避开各种令人不快的挑战，我们便无法积累这样的经验，那些挑战其实根本不像我们想象的那样可怕。每回避一次，恐惧感都会增强；恐惧感越强，我们就越想回避。

想让恐惧消退，就必须直面挑战。除此之外，没有更好的方法。不过直面挑战并非易事。接下来，我将向你介绍一种方法，它至少可以帮你减轻恐惧。此外，在本章末尾，我还将教你几种方法，帮助你应对强烈的情感。

一切只是脑海中的想象

做一个实验：闭上眼睛，设想一个让你恐惧的情境，请注意此时你的身体和头脑发生了什么变化。一方面，你会感觉体内的压力激素正倾泻而出。这让你身体发热并开始颤抖，心跳加速。同时，你的脑海中会浮现一些画面。仔细观察一下这些画面，并把它们记录下来。

你所看到的是对可能发生的一切的设想。许多人想象着，他们如何满脸通红地站在人群中间，承受众人的目光，或者他们看到了自己在意的人脸上失望的神情。另一些人脑海中的画面是他们受到责难或者被所有人疏远。

这些可怕的设想都是引发恐惧的导火索。令人恐惧的并非情境本身，而是人们对此的幻想。这些引发恐惧的画面常常来自童年的亲身经历或者耳闻目睹的场景。它们深深地扎根于你的内心，时至今日仍然威力不减。

"学过的东西会忘记"这句话说的不仅是数学中的各种公式，也包括因条件作用而习得的情感。你可以借助你的想象习得这样一种认知——某种情境不一定会带来危险。

练习 8：忘却恐惧感

这一练习不含练习清单，因为这次你需要借助想象力来进行练习。请空出至少一小时的时间，为自己找一处安静舒适、不受打扰的地方。

让自己放松下来，闭上眼睛，然后想象一种使你恐惧的情境，比如一场考试或一次与领导的谈话。尽可能详尽地想象一下这个情境：领导的着装如何、办公室的布置怎样等。通过这种方式激活情感中心，你会发觉，此时你的身体和情感都对这种想象有了反应，因为大脑不能很好地区分现实与幻想。在想象这个令你感到恐惧的情境的过程中，应激反应激素就已喷薄而出。

我们就是要利用这种机制，将恐惧感进一步推向高潮。在脑海里描绘一下这个情境如何越变越糟，糟到使恐惧感达到顶峰，比如你可以想象一下，你如何一时失控，酿成大错。也许你会察觉，此时身体的紧绷感明显增强。但是，不要中断想象。

在恐惧感达到最高点时开始变换画面，想象一下，你的领导虽然有些激动，不过还远没有像你预料的那样大发雷霆。他不仅未对你的错误加以批评，甚至还解释说，他以前也犯过类似的错误。重要的是，此时你所想象的领导的反应必须符合他的人格特征。这种反应至少得在可能发生的范围内，甚至最好在极有可能发生的范围内。否则，这个练习起不到真正的效果。现在，慢慢把令人恐惧的场景切换到积极的场景，你会感觉身体的紧绷感在慢慢缓解。请继续保持这种积极的想象，一直持续到身体的紧绷感完全消退为止。然后，结束练习，睁开眼睛。

你刚才所做的便是 "In-vitro"[①]：让自己在幻想中直面恐惧，并由此获得"其实什么糟糕的事都没发生"的体验。如此一来，你的大脑习得的是，某种特定刺激不一定与危险有关，甚至一个严重的

---

① In-vitro：拉丁语，意为体外呈现。——译者注

错误也不一定会导致情绪崩溃。不过，就像学新单词一样，这种学习体验必须多次重复才能牢记。别忘了，你可是花了多年时间才习得对某一特定情境的恐惧反应。所以，你必须反复练习，才能忘却这种恐惧反应。

练习 9：众矢之的

很多冒名顶替者尤其害怕做报告或当众发言。因为在这种时刻，那种被评头论足、自身能力暴露无遗的感觉尤为强烈。但是，倘若你回避这些情境，冒名顶替的感觉则会持续蔓延，让我们的生活变得沉重不堪。

以前每当要上台演讲，我都吓得想临阵脱逃。为了消除这种恐惧，我研制出了一个想象练习，希望你也能从中受益。这个练习同样不含练习清单，只需发挥你的想象力。

这个练习需要 30 分钟。你要找一处不受打扰的地方，闭眼进行想象练习才有效果。

放松，背靠椅子坐好，闭上眼睛。深吸一口气，然后呼气、吸气、再呼气……每次呼吸你都会感受到，脑海中的各种思绪在逐渐平静下来。这些思绪虽然没有完全飘散，但也不至于干扰到你。此刻，想象一下你站在台上的情境：面前有一个话筒，台下那些毫无表情的听众正在凝视着自己。再想象一下细节：你独自站在台上，浑身发热，你为这场报告做了充分的准备，然而现在脑袋空空如也，稿子上的字迹也变得模糊不清。你嗓子发干，却不想伸手去拿水杯，否则每个人都会发现你手抖得厉害。你张开嘴，想说些什么，却如鲠在喉。此刻，你发现台下的听众逐渐骚动起来，他们开始用好奇、略带嗤笑的目光打量你，还有几位邻座的听众在底下窃窃私语。

调动自己所有的感官来完整地体验这个情境。感受一下，那种恐惧的冰凉感和羞耻的燥热感如何同时在你体内升腾，情绪如何越来越激动，呼吸如何越来越急促，你的身体开始颤抖和出汗。你的恐惧感在哪一刻最为强烈？此刻你身体的紧绷感有多强？现在，想象一下，你轻咳一声，观众席上所有的目光都聚集到你身上。你迟疑了一会儿，开口说道："请诸位不要因为我刚刚的紧张而烦躁。我之所以如此紧张，是因为这一个主题对我来说非常重要。能站在这里讲话，是我的荣幸，但是同时也给我带来了很大的压力。因此，如果我在讲话途中陷入短暂的停顿或语无伦次，还请诸位不要吃惊，也不要因此而分心。"

在说话的过程中，你就发觉那些听众放松了不少。许多人露出了理解的微笑，一些人向你点头予以鼓励。然后，你开始做报告。你的报告进行得并不完美，有时候你说错了话，有时候你偏离了主题。不过，你发现报告的内容还是成功吸引了台下的人。而且，报告开始时，你那段简短的开场白早就赢得了听众的同情和善意。

报告的最后，你心满意足地看向众人，台下掌声雷动，听众们站起身，椅子随之往后挪。很多人交谈着，而大部分人涌向门口。你站在台上，浑身湿透，同时也一身轻松。报告终于结束了。

一位女士微笑着向你走来，对你的开诚布公表示感谢。"我觉得你真值得钦佩，"她说道，"你开场就解释了自己为什么这么紧张，这种说话方式让我印象深刻。"你内心升腾起一种温暖的情感。你感到自豪，为自己成功地克服对公开做报告的恐惧，自豪于自己的方式以及怯场时的表现被人接受并尊重。让那位女士的微笑及其言语再影响自己一两秒钟，再享受一会儿自豪感。

现在，让这个画面非常缓慢地消失在自己脑海中，用力吸口气再呼出，弯弯胳膊，伸伸腿，再深吸一口气，然后睁开眼睛，回到现实中来。

通过这种想象练习，你可以重复体验某种情境和与之相关的唤起恐惧感的刺激，从而训练自己忘却恐惧反应。你向大脑发出这样的信号：即便卡壳也并非灾难，你反而会从中获得积极的体验。

想象练习有助于你为一项挑战做好精神上的准备，并在开始挑战前让你的恐惧感得以缓解。不过，倘若你早已坐上了情感的旋转木马，上下起伏，又要如何应对？我的处理方法可能会对你有所帮助。

> 你要牢记一点：你既不会死于恐惧，也不会死于羞耻或内疚。

毫无疑问，这些都是令人不适的情感，但是它们本身并不危险。

能否得到自己周围的社会群体的全面认可也不关乎生死存亡。你所害怕之事，多数情况下不会发生。

> 慢慢深呼吸，深呼吸能帮助你放松身体。但是切忌过度吸气，以免重新强化恐惧。

> 用理智蒙骗大脑。人的情感也会表现在身体上，身体姿势和脸部表情会增强或减弱情感。一般情况下，当感到恐惧或羞耻时，你会缩起身体，将目光投向地面。这种姿势被大脑诠释为"我感到恐惧"或者"我感到羞耻"，而后强化情感。如果想减弱恐惧感或羞耻感，最好采取完全相反的行为：昂首挺胸，微笑。这可能会让你迷惑，更觉得自己像一个骗子，因为这种行为是装出来的，与实际情境并不相符。但是，你会发觉，通过身体的反馈，那些情感已明显变得不那么强烈。

> 转移自己的注意力。在心中计算一些比较难的计算题或者独自玩城市—农村—河流（Stadt-Land-Fluss）游戏 [①]，借此来减少恐惧感或自我批评。注意，你内心还有一个充满亲和力的陪伴者。因此，在产生羞耻感或内疚感时，不要对自己横加指责，而要善待自己，心平气和。

---

① 城市—农村—河流：德国私塾教育中的一种填字游戏，产生于 19 世纪末，如今已发展为线上线下均可进行、老少皆宜的大众游戏。这是一种集娱乐性与知识性于一体的智力游戏，可以巩固所学的基础知识（尤其是地理学知识），增大词汇量，训练记忆力和反应能力。——译者注

你应该反复练习使用这些方法，就和进行消防演练一样。如果等到屋子内的大火已经熊熊燃烧，再考虑灭火器在何处、如何使用，则为时已晚。因为在紧急情况下，你根本无法好好思考。因此，你必须在事前就勤加练习，直至对需要采取的一系列行为得心应手。对付恐惧感、羞耻感或内疚感，要定期练习，先从那种只是给你轻微不适感的情境下手，然后慢慢地提升难度，直到你可以应对较大的挑战并掌控自己的各种情绪。

现在，你已经为进行新的体验做了准备。下一章，你将学习如何为应对挑战做好准备，并完成挑战。在此之前，再检查一遍，你的情感处于何种状态。

自我反省

如何把握我的情感？

> 哪种想象让我最为恐惧、羞耻或自责？此时我脑海里出现了哪些画面？

> 这些情感从何而来？是我从别人身上了解到的，还是我自己有过相应的消极体验？

> 我的想法如何影响我的情感？

> 我可以通过想象哪些积极的画面来对抗我的消极情感？

> 我会有怎样一份恐惧应急计划，我何时将它练熟？

第八章 改变自己的行为

"你可以上床休息了吗？都已经 11 点了！"彼得拉打着哈欠靠在门边，注视着一直坐在书桌前的丈夫。"快休息吧，你现在只会把自己弄得精神紧张，明天把事情搞砸。"

奥利弗抬起头来，说道："有道理，我的心理咨询师也曾经跟我说过这话。在他的帮助下，我不再像兔子遇见狼那样进入木僵状态了。我也终于找到了一种可以好好准备会议的途径。可是尽管这样，我还是有一种想要了解更多的感觉。""事情总是向好的方向发展，你肯定知道这一点，奥利弗。不过我相信，为了能够好好主持明天的季度例会，你已经做得够多了。"彼得拉一边走到丈夫身后为他按摩双肩，一边劝说他今天的工作到此为止。

奥利弗叹了口气，说："也许你说得对。走吧，上床睡觉去。"他合上笔记本电脑，起身走进浴室，伸手取牙刷的时候，奥利弗若有所思地注视着镜中的自己。明天，其他人会对他抱有什么看法？他会让人信服吗？

奥利弗躺在床上，依靠在妻子身旁，说出了自己的担忧："要是我前几周学到的那些对策没用，怎么办？要是我又没获得好的体验，怎么办？"奥利弗话语间隐含的央求口吻再次把彼得拉从昏昏欲睡中拉回现实。她打开灯，神情严肃地看着自己的丈夫："对于明天的会议，你的心理咨询师有什么建议？""哦，他说我不该总想着不犯错，有点儿紧张是很正常的，虽然我自己不怎么相信，但我说的话还是可以令人信服的。""就是嘛！我敢肯定，你明天能很好地完成会议主持工作。你都已经在脑子里预演了无数遍，还跟着心理咨询师练习过，你会成功的。明天晚上我们一起庆祝一下，好吗？现在我得说'晚安'了。哦对了，注意，你不用做到完美。顺利完成就可以了。"彼得拉安慰丈夫道。

现在，我们便到达了最后一个层面：我们的行为。只要我们不断地重复做相同的事，就会一再获得相同的结果。针对冒名顶替综合征，这就意味着：如果我们在面对每一项新的挑战时都陷入恐慌，就像狼面前被吓呆的兔子，我们就无法信心十足地完成挑战。

如果我们在做报告时只在意自己是脸红了还是发抖了，就无法关注到自己所讲的内容已经被听众接受的事实。并且，如果我们断然地拒绝那些赞誉之词，一味地贬低自己的成绩，就无法接受自己实际做得很好这一事实。

如果我们以为自己做得不够好，或许下次就会露馅儿，那种必须要证明自己能力的情境就可能会变成一种威胁。我们可能会设法回避这样的情境，做过度的准备，或者陷入木僵状态。所有这些行为方式都会强化我们的冒名顶替心理。

不过，我们是否能换一种做法？最好的做法是做足够的工作准备以让自己安心：花上一定的时间确定方案，只要知道重要数据，脑海里形成一个粗略计划就行；你可以允许自己有所遗漏，相信自己拥有足够的能力来掌控局面，必要时即兴发挥。当然，如果你一开始就呆若木鸡，以上这种应对挑战的准备方式就行不通了。因此，接下来我将向你说明，如何将自己从这种呆滞的状态中解放出来。

拖延的对策

陷入呆滞状态是一种非常不适的感觉，就像被嵌入台虎钳中，它挤压着你的胸口，让你无法动弹。每过去一小时，台虎钳就收得更紧一点儿，阻碍你的呼吸。你陷入恐惧的泥沼，却又无能为力。一坐在电脑前想写方案或写些文字时，脑袋就空空如也。你毫无头绪地盯着电脑屏幕，越来越绝望，也无法采取任何行动。

在这种情境下，你可以做的第一件事便是起身动一下——就是字面上的意思。要是你充满恐惧地盯着一张白纸，或者在电脑前用游戏和其他事情来转移注意力，你就只能一直困于被台虎钳禁锢的恐惧，越来越觉得难以动手做事。因此，你可以通过原地跳动或慢跑来摆脱恐惧，体能消耗可以分解你体内的应急反应激素，促进体内（包括大脑）的血液循环，并暂时打破思维的枷锁。这种短时运动还可以帮你自主调节呼吸方式，由紧张时的浅呼吸调整为运动后的深呼吸，让身体得以放松。

注意！一项令人讨厌的任务拖得越久，就越难入手。因此，可以将目标分解为一个个小的目标，以便立刻开工。

当然，准备工作本身无法省去。无论如何，你总得坐在书桌前，对将要面临的情境做好思想准备。尽可能从简单的小事做起：设置一个不太长的时间段，半小时到一小时就可以，这一段时间仅仅用来克服动起来的阻力。推过抛锚车的人都知道，最费力的是让车动起来，一旦车动起来，推车就会轻松许多。对付拖延亦是如此。因此，让你的思维机器先运转起来，至于方向，之后你随时都可以调整。

尽快动笔将白纸填满，就能克服俗话说的"对白纸的恐惧"①。你可以先写下所有想法，无须立即做出评价，刚开始不必在乎质量，只需要强调数量。切忌回头通读或修改写下的内容，不然你会在少数句子上纠结并不停地修改。倘若你内心的批判者劝诫你继续改进初稿，那么请你注意一点，你之后还会有足够的机会去做优化工作，眼下最重要的是开始行动。

在撰写本书的过程中，我运用了这个卓有成效的抗拖延策略。我不再自我批评，而是把脑子里正巧想到的内容先记录下来，从而巧妙地将面对白纸（确切地说是面对新的章节）的恐惧消除。即使一开始我对自己笔下的内容并不是特别满意，那也先将它们保留着，继续撰写，等到第二天再看时，就觉得前一天写的内容没有那么糟

① 德语常用的隐喻，类似"万事开头难"。——译者注

糕了。最后经过多次修改，原先写的内容就被打磨成了最终让我满意的文本。

设定的时间一结束，就立即结束手头的工作，并与自己约定好第二天继续工作的时间。请明确一点：这项工作今天已经做得够多了，你要允许自己思考一些其他事情，或者想一想自己的爱好。通过这种切断的方式，赢得内心的距离感，或许还会因此产生新的点子。

我们的情绪天天都在变，因此，次日再开始工作你很有可能觉得会更容易一些，进展也更顺利一点儿。重要的是，你不用再面对一张白纸干坐着，而是可以回看前一天写下的内容，有了初稿，后续的编辑工作通常就会容易不少。

你可能说，要做一份好方案，半小时到一小时的时间实在太短。你说得十分有道理。随着时间的推移，你可以增加工作量，但是首先必须克服自己着手工作的阻力。比起困在恐惧的台虎钳中无法进入工作状态，我提出的小步迈进法实施起来更容易一些。

练习 10：开始行动

现在我们需要制订一份计划，以减少拖延行为。我们需要花上半小时到一小时的时间，根据练习清单 10 思考一下，如果再次遭遇无法着手工作的情况，可以采取哪些措施？将这份练习清单复印出来，存放于方便取用的地方，下次再遇到类似情况时，就可以将它作为起步助手。

练习清单 10：开始行动

怎样消除我体内的应急反应激素？如何让自己耗尽体能，从木僵状态中解脱出来？

_____

_____

_____

_____

_____

下列步骤有助于我开始工作。

> 小段工作时间：先只做_____分钟的准备工作，然后休息一下。

> 工作量：先设法尽快将我的想法写在纸上，以后再慢慢丰富。

> 谢绝批评：后续再做修改和细化。

　下面这句话有助于抑制自我批评：

_____

_____

_____

_____

_____

休整：设定的时间一结束就停止手头工作并奖励自己。

这些是适宜的奖励办法：

_____

_____

_____

_____

_____

_____

此外，下列想法也有助于我开始行动：

_____

_____

_____

_____

_____

_____

　　或许你只能做到让自己坐在书桌前这一点，尽管有我提供的那些方法，你还是无法进行清晰的思考，效率低下，毫无产出。如果现实情况是这样，你就要改变策略，首先找出拖延的原因究竟是什么。

走出内心的泥潭

当因为恐惧而感觉动弹不得的时候，我们会转移自己的注意力，回避日益临近的威胁。这其实是一种错误的做法。如果想从内心的困顿中解脱出来，你需要清楚自己面临的困难是什么，你可以做什么。此外，为了让自己冷静下来，你还必须了解哪些事情是你最恐惧的。这样，你就可以认清自己的处境及其背后隐藏的期待。

首先弄清你当下的想法和情感，问一问自己的问题究竟出在哪里。此刻，由于所有的恐惧和顾虑都浮出水面，你的思维是一团乱麻，就像脑子里同时出现多种的声音，这些声音一直不停地打断对方。毫无疑问，在这种情境下你无法清晰地思考。请把当下所有的想法和情感写下来，不用立刻评判，也不要困于其中，更不要陷入绝望。通过将它们写在纸上，你可以稍微平息一下头脑中的风暴。

在季度例会举行的前几周，奥利弗不得不与拖延抗争。当他接受心理咨询师的建议将自己的担心写下来后，他震惊地发现，原来自己内心承载着那么多矛盾的想法和抗拒的情感。他曾怀疑自己准备会议的方式和效果，害怕出丑，同时又害怕成功，因为成功之后他人对他的期望又会上一个台阶。

不过，一直困扰他的主要是他担心自己并非完成这项任务的合适人选。尽管如此，他发觉，落笔写下自己脑海中的各种想法和内心的情感后，自己的心绪总算安宁了一些。

写下自己的担忧，心绪平复一些之后，你会确定一点：恐惧不再那么紧紧地裹挟着你。即便如此，"不够好"的基本信念——这个早已为我们所熟知的话题又再度闪现。而之前你已经学会如何质疑和驳倒这些想法。这一次，试试另一种方法：像研究者那样，摒弃个人情感，完全以对科学的好奇心来看待问题，去观察那些令人恐惧的念头。你将发觉，如果你对恐惧感敬而远之，随着时间的推移，它们就会完全自发地消退。

注意！在我们尝试逃避的那一刻，恐惧感最为强烈。对于恐惧感，你只需保持一定的兴趣，但不靠近，恐惧感自会消退几分。

问一问自己，为了让自己克服拖延及其带来的恐惧，你必须做出哪些改变？或者思考一下，为应对较难的情境，你需要具备哪些能力、手段或者知识？有意识地将这个问题普适化，使其适用于不同的情境。这样一来，就能有效避免冒出的点子立马被"无论怎样我都不会做"这句话拒绝。

最后，思考一下，对于之前提出的想法，你会最先采用哪种？再次收集所能想到的各种点子，这一次，你可以给予评价：哪些想法实施起来比较容易？哪些最有可能成功？然后选定列表上的某一项内容，最好即刻执行。

为克服恐惧，奥利弗记下了自己的担忧和背后隐藏的基本假设，确定了接下来的工作孰先孰后。他悟到了一点：自己需要的其实只是一种内心的安全感和能牢牢把握的行事逻辑。因此，他先制订了一份进度计划，设定好各项任务的实施时间，以减少自己的慌乱。另外，他也在妻子和心理咨询师那里得到了支持。慢慢地，他成功地克服了自己的拖延症。

练习 11：走出内心的泥潭

一旦再次陷入思维混乱、毫无进展的状态，你就可以拿出练习清单 11，借助以下 4 个步骤，凭一己之力将自己拉出惊慌失措的泥潭：第一步，将脑中浮现的所有句子写在纸上；第二步，找寻其后隐藏的担忧，以旁观者的角度来看待这些担忧，直到情感混乱的状况有所缓解；第三步，思考一下什么有助于你克服这种情绪；第四步，想想如何变抽象（我需要改变什么？）为具体（我第一步要怎么做？）。

练习清单 11：走出内心的泥潭

哪些想法和情感阻碍了我的思维？

_____

_____

_____

_____

_____

_____

_____

_____

_____

_____

这背后隐藏着哪些担忧？如果出现了我所担忧的情况，真的
会有什么糟糕的事发生吗？

_____

_____

_____

_____

_____

_____

_____

_____

_____

为了克服这种内心阻碍，我需要改变什么？

_____

_____

_____

我第一步要怎么做?

不是所有人都会因受恐惧阻挠而止步不前。有些人会像掉进米缸里的老鼠：他们难以置信地忙碌着，从一种想法跳跃到另一种想法，不断地来回摸索，紧接着又让原先的想法作废。他们行动非常积极，却并不高产；做得越多，就越恐惧。

针对这种情况，他们必须换一种做法。因为他们的问题不在于如何开始做，而在于如何放慢脚步，有头绪地去做。

面对准备不充分的勇气

管理学中最重要的定律之一就是帕金森（Parkinson）定律。根据这一定律，原则上一项任务的完成时间是有机会与可供使用的时间相等的。如果你很早就开始准备，的确可以减轻负担，因为这时离最后期限还很远。但是你投入的时间越多，你被它占据的时间就越长（包括精神层面）。那些与冒名顶替综合征抗争的当事人，尤其是反应过激者，经常设法通过充分准备来减少他们没有把握的感觉。然而，正如第二章所描述的那样，这种做法反而会让人陷入一种恶性循环。因为反应过激者永远不会有足够的把握圆满地完成任务，他们总会想到更多之前没考虑到的内容。而且，当他们掌握了所需的知识时，就会发觉又出现了一个新的知识盲区，涉及面太过广泛的准备工作只会让他们陷入一种几乎让自己发疯的境地。

曾经为了准备一份演示文稿，马拉总是在电脑前工作至深夜。同一个句子，她一改再改，刚改了格式，又把它再改回去，如此反反复复。她甚至好几次彻底推翻自己的成果，从头再来。她处理这项任务的时间越久，就越不喜欢这项任务，她所花的时间越来越多，那些原本不重要的内容也变得越来越重要。做出一份完美的演示文稿，对马拉而言越来越成为一种压力。

注意！我们为一项任务所花的时间越多，迷失在不必要的细节之中的可能性就越大。

或许你犯过同样的错误，因此有相同的体验：自己从未有满意的时候。随着时间的推移，那种"准备充分"的感觉离你越来越远。你坚信，必须面面俱到。那么，如何才能慢慢训练自己分清主次，并略去无足轻重的内容呢？

你需要有面对知识盲区的勇气，相信自己有足够的能力来完成这项任务。通过有计划地放弃面面俱到的准备工作，你能从 3 个方面受益：省去事前不必要的紧张混乱，缩短准备工作的时间，获得事前没有过度忙碌也能做得够好的体验。

练习 12：恰如其分的工作准备

首先，请列出为了更好地应对挑战，你还应做些什么。这份清单越完整越好。因此，你需要记录下所有能够给予你安全感的具体行动，无论是编排格式，还是练习熟练地做报告。你面前这份长长的清单可能会让你产生一种累到窒息的感觉，因为所有的工作就这么杂乱无章地堆积在一起。不过，别担心，这种情况会有所改变。

其次，按重要性对记录下来的内容进行分类。你或许知道帕雷托（Pareto）原理[①]。这一原理说的是，80% 的工作成果仅需花 20% 的时

[①] 著名的二八法则，又叫省力法则。——译者注

间就能完成，更多的精力和时间其实被用于根本不重要的细枝末节。因此，如果我们试图尽可能完美地完成一项任务，就必须为此多投入4倍的工作时间。所以，我们要分清事情的轻重缓急。为获得一个令人满意的工作结果，清单上的哪些事项是真正重要的？注意是令人满意，并非完美！倘若时间紧张，必要时可以放弃哪些方面的内容？将这些内容记在练习清单12中给定的区域内。

然后，全神贯注在重要的事项上。我们经常迷失在不必要的琐碎的事中，其实这是错误的。为此所花的时间其实需要花在重要的准备事项上。毕竟，如果缺失核心内容，再完美的细枝末节也无济于事。

最后，还要思考一下你想有意识地从清单中删除哪些准备事项。针对每一次新的挑战一点点地删减准备事项，从而有针对性地培养面对知识盲区的勇气。只有这样，你才能获得不用花费太多精力也能做得够好的体验。

在第一次站在观众面前介绍案例之前，我花了足足3个月的时间准备，我补充了一张又一张演示文稿，将报告整整演练了3遍。报告当天，我依然惶恐不安。而现在，这样一项任务，我只需花费大约一周的准备时间，也不会去考虑演示文稿的编排是否精致到完美无缺。我会在最后将所有内容浏览一遍，以估算一下大概所需的演示时间。现在，在线上大会和研讨论坛上演讲时我轻松了很多，我学会了信任自己和自己的能力，我知道自己拥有足够的知识来随机应变，应对观众提出的问题。

练习清单 12：恰如其分的准备工作

为了让自己感觉有足够的把握，需要做好哪些准备事项？

_____

_____

_____

哪些准备事项真的很重要？

_____

_____

_____

哪些准备事项可以忽略？

_____

_____

_____

因此，我需要有意识地放弃哪些不重要的准备事项，并表现出面对知识盲区的勇气？

_____

_____

_____

思考担心是否合理

比恰如其分的准备更重要的是在真实情境中的行为表现。正如我在第一章里所阐述的，有冒名顶替综合征的人并非从成功中习得认知。随着时间的推移，他们不会习惯于迎接挑战，从已完成的任务中赢得自信，而是在内心强化另一种基本信念，即他们做得不够好。造成这种情况的原因在于错误聚焦。

保罗（Paul）就是一个很好的例子。他因为社交恐惧症到访我曾经供职的那家身心健康医疗机构。他上身肌肉发达，特别喜欢穿黑色皮衣，看上去有点儿吓人。然而，他是如此缺乏自信，以至于根本无法跟人对视。经过多次单独谈话之后，保罗终于能在一次团体治疗中开口说话，讲述他的各种恐惧。紧接着，在我请他汇报同小组其他患者对他那次公开讲话有何反应时，他却哑口无言——那一刻他只关注自己的感受，并没有关注别人的反应。

问题的症结就在于此。人们只有在意识到自己最担忧的事情并未发生时，才会发现自己其实可以很好地应对这些情境。保罗的恐惧在于展示弱点，担心其他患者觉得他可笑。通过团体治疗中的暴露训练，他看到自己的恐惧变为现实。他记得自己每一个颤抖的动作，每一句话中包含的不自信，他认为那是一次失败的尝试。可是，他根本没注意到别人是如何感受他这个人的。所以，其他人对他展露出鼓励性的微笑、兴致盎然的倾听和总体上非常友善的态度，这一切完全没有引起他的注意。

注意！倘若你经过很多次情境体验还是没有减轻恐惧，多数情况是因为我们专注的方向错了。

或许你也犯过同样的错误，因为从第二章中我们获知：感知与恐惧如影随形。当你担心自己在他人眼中不太自信，并且仅以有没有脸红或结巴作为判断标准，你就只会注意这些身体反应，并最终得出结论——自己不够自信。在此过程中，你无法接收到来自他人鼓励性的信号，也就无法建立自信，在下次挑战来临时依然战战兢兢。因此，你需要重新思考一下应该如何衡量成功。

练习 13：我的担心真的应验了吗

首先选取一个光是想一想就已经让你恐惧的情境，请将这样的情境填入练习清单 13 中。对于有冒名顶替综合征的人来说，这种情境通常是那些在万众瞩目下进行的活动，比如做报告或者主持会议，不过也可以是其他活动，比如一位母亲对筹备孩子的生日聚会有着强烈的恐惧，因为她担心自己没能力办好一场轻松愉快的庆祝活动，从而让孩子遭受同学们的嘲笑或疏远。

针对这些让你不寒而栗的情境，想一想具体会发生什么事，你最恐惧的是什么？同时记录非理性的恐惧，即便你觉得这种做法有点儿愚蠢，因为你的理智告诉自己，这种情境完全不会出现，至少有很大可能不会出现。

练习清单 13：我的担心真的应验了吗

哪种情境最让我恐惧？

_____

_____

_____

_____

_____

在此过程中，让我恐惧的具体是什么？

_____

_____

_____

_____

_____

我实际上在担心什么？

_____

_____

_____

_____

_____

从哪些方面可以看出，我的担心会应验？

_____

_____

_____

_____

_____

在哪种情境下，我可以测试自己的担心是否属实？

_____

_____

_____

_____

_____

到时我最关注的将是什么？

_____

_____

_____

_____

_____

接下来思考一下从哪些方面可以看出你的担心应验了，但请避免得出错误的结论。比如担心自己做报告时会发抖，你就先问自己为什么会这么糟糕。很多情况下，让我们恐惧的不是身体发抖本身，而是因为发抖而显得可笑。但是自己是否真的让人觉得可笑，并不是以身体是否发抖为标准，而是要从听众的反应来判断。好好思考一下，你应该将自己的注意力真正集中在哪里。

好了，现在到了最后一步，也是最为人恐惧的一步，试验并测试一下，你的基本假设（比如"我会出丑的"）是否真的成立。做一件让自己恐惧的事，然后仔细观察一下，你所担心的事是否应验。不要将注意力集中在身体发抖的频次上，毕竟，恐惧时身体发抖是正常现象。你应该将注意力集中在人们对你的反应上，观察一下他们的表情、态度，重要的是注意事后的反馈。你会确定一点，在绝大多数情况下，你的担忧属于杞人忧天。如此，你可以逐渐开始质疑自己的想法，比如"我做得不够好""为了不让自己变得可笑，我要给人信心十足的感觉"，并最终抛开这些想法。

马拉填写的练习清单

> 哪种情境最让我恐惧？
  做专题演示。
> 在此过程中，让我恐惧的具体是什么？
  某个问题答不上来，说错话或者大脑突然一片空白。

> 我实际上在担心什么？

害怕因为暴露自己的无能而丢掉工作。

> 从哪些方面可以看出，我的担心会应验？

领导的批评和专题演示后的负面反馈。领导不会
再让我做专题演示，他逐渐把这项工作交给其他
同事。

> 在哪种情境下，我可以测试自己的担心是否属实？

两周后我要做下一场专题演示。这是一个好机会。

> 到时我最关注的将是什么？

讲话的同时关注听众的反应，既要关注积极的信
号，比如微笑、对视，也要关注消极的信号，比
如不安、皱眉等。讲话结束后我会为以后的专题
演示做好准备，并仔细倾听，看一看听众是否认
可我的报告。另外，我想在下次员工谈话时请领
导说一说他的反馈意见。

　　当马拉按计划更加关注周围的人的反应，并获得了积极的反馈
时，她明白了一点，同事和领导总体上对她还是满意的，即便她出
现一些小差错，他们也不会降低对她的满意度。她对众人的积极反
馈关注得越多，就越觉得自信。慢慢地，她对各类专题演示的恐惧
消减了不少。

注意！倘若我们一再获知我们的担心毫无根据，我们就能逐渐克服恐惧。

所以，不要轻易地相信内心的批判者，他会以最鲜艳的色彩和史诗般的广度向你描绘所有可能出现的灾难场景。你需要做的是思考一下你的担心是否合理，事实证明只有在极少数的情况下，你的担心才有合理之处。

反复面对挑战，你就会成长起来，内心的哈哈镜就失去了它的作用。抛开臆想的危险，然后发现其实并没有发生什么糟糕的事，这是走出冒名顶替综合征迷宫最为保险的路径。话虽如此，由于冒名顶替综合征极易反复，你还是需要有一些耐心，尤其是在开始阶段，毕竟那些旧的思维模式太过根深蒂固了。

某次开车时，我突然发觉自己又驶上了那条去上班的路，其实，我并非要去上班，可是我已经十分习惯走这条路线，以至于自然而然地就开上了这条路。走出冒名顶替综合征迷宫之路与此相似，稍不留意，你就又自动产生了冒名顶替的感觉。所以，要对自己和自己的旧习惯有耐心，每天有意识地训练自己采用不同的思维和行为方式。

自我反省

如何能改变我的行为?

> 在迎接一项挑战前或在挑战过程中,哪些行为方式会导致恐惧进一步强化?

> 我是宁愿做过多准备(反应过激者)还是尽量少做准备(反应迟缓者)?

> 如何对待内心阻滞?哪些对策能帮助我克服拖延?

> 过度的行动是否会让我先把自己逼疯?

> 在哪些方面我可以放开一点儿,展露出自己面对知识盲区的勇气?

> 我该如何判断自己的担心是否合理?下次面对挑战时,我会更多地关注哪些方面?

> 我能从谁那里获得有针对性的反馈,以检验外界对我的印象?

第三部分

突破自我

在之前的章节中，我们学到了很多可以打破冒名顶替综合征的恶性循环的介入手段，也知道了如何对付消极想法，如何掌控自己的情感以及改变自己的行为。倘若你坚持不懈地运用这些技巧，就有很大可能永远摆脱那些消极想法。

不过，本书还缺少一个重要部分。迄今为止，我们只是在与各种现象抗争。想象一下，你住在一个火灾频发的地区，你可以研发一种有效的灭火技术，也可以找出并消除失火的根源。显然，后者的意义更大。否则，你会不断地忙于扑灭卷土重来的大火。

对于有冒名顶替综合征的人来说，情况亦是如此。在面临挑战时，自我怀疑就像那一再复燃的大火，而火灾根本的起因在别处，更确切地说，是源于旧时。你要从自己的童年找寻原因。因此，倘若你要寻求一种一劳永逸的解决办法，永久告别冒名顶替综合征，而不再一味地想着"灭火"，就得从根源上解决问题。

在接下来的几章里，我们一起来探究持续出现的自我怀疑的根源。你将再次深入分析自己的成长史，理解内在的相互关系，并参透这一点：其实，你与他人想的一样成功。

第九章　理解自己

奥利弗神采飞扬地踏进治疗室，咧开嘴笑着坐了下来。"事情成了，"他告诉心理咨询师，"周二的例会我主持得很好，甚至能接受那些积极的反馈了。""真为你高兴，"心理咨询师面带微笑地回答道，"所以你看，这些技巧是有用的。不过，你还是要坚持练习。"

奥利弗皱着眉说道："你的意思是，我就像一个酒鬼那样？如果我停止练习，这种情形还会复发？"听了奥利弗的比喻，心理咨询师微微一笑："这比喻还真有点儿贴切。就算你突然发觉自己重回旧的思维方式，也必须保持信心，抗争到底。不过，还有别的方法可以帮助你防止这种现象反复。之前，我们使用的方法主要用来抵御冒名顶替综合征，但还没涉及这种现象的起因。"奥利弗惊讶地问道："你是指……我的母亲？"

心理咨询师回答："也算吧，当然不全是你的母亲，还有过去的岁月给你留下的那些烙印。你说，你要主持一次会议时，你几岁？"奥利弗凝视着对方，就好像心理咨询师突然间傻了一样："嗯……你不是知道我今年 36 岁吗？"心理咨询师摇了摇头，说："我不是这个意思。在说到主持会议的那会儿，你感觉自己多大？"奥利弗思考了很久。"我自己感觉的话，5 岁……也不是，"奥利弗立马更正说，"不如说是 9 到 10 岁。""这是你小学升中学①那会儿，对吗？如果我没记错的话，你还跟我说过，那时你母亲越发经常地向你倾诉工作上的问题。如果我记错了，请指正。"心理咨询师问道。"你说得对，"奥利弗肯定道，"那时，我仅有的几个朋友去了另一所学校，我感觉很孤独。面对母亲，我又束手无策。你认为，这就是我自我怀疑的起因？""这种冒名顶替综合征就像一幅由许许多多碎片组成的拼图，通常情况下不会只有一个刺激（起因）。不过，要是你遭遇艰难的情境时感觉像回到了过去某个时刻，那么这一时刻就是拼图中的一块重要碎片。让我们一起来面对，看看现在所显露出来的所有东西。"

我们来开启一次探索之旅，看看自己的冒名顶替综合征是从什么时候开始的，又该如何调整。在第三章中，奥利弗曾尝试演好那个对他而言太难的角色，却又害怕自己达不到要求；在其他所有章节里，他也一再遇到这个问题：对让别人失望感到恐惧。这就是我

---

① 德国小学的学制为 4 年，生源是 6 到 10 岁的儿童。小学毕业后，父母将根据孩子的爱好、能力、成绩，决定其是进入国民学校、实科学校还是完全中学。——编者注

们的第一个，也是很重要的一个着眼点。因为只要你一直迁就臆想中他人的期待，就会反复挣扎于冒名顶替综合征的陷阱。

让他人失望的重要性

根据我的经验，想要满足臆想或现实中他人的期待，是冒名顶替者的核心问题之一。因为你只会借此展示自己本性中符合他人期望的那些方面，而同时隐藏了不符合他人期望的那些方面。如此便强化了这样一种思维，即自己表里不一，欺骗了周围的人。于是出现了另外一个问题，倘若你努力想成为对方（或许）想要你成为的那个样子，对方就永远不会知道你实际是一个怎样的人，你的能力极限又在哪里。你越努力获取自己以为的别人所期待的成功，就越发关心别人对你有哪些期待。这根弦越绷越紧，直到稍不留神就会崩断。每一次当你超出自己的负荷极限，只想努力满足臆想中的他人对你的期待，你就会进一步固化这个形象。你努力想避免的东西却步步紧逼，不知哪天你就无法再维持那个完美形象，一定会让别人失望。而且，你维持的时间越长，别人的失望就越大。

注意！想要避免他人失望的时间有多久，觉得自己是一个冒名顶替者的感觉就会持续多久。随着时间的推移，他人对我们的期望越来越大，我们面临的压力也越来越大。

进入公司以来，奥利弗一直想要创建良好的人际关系。多年来，他为人随和，有求必应。渐渐地，同事们对他建立起了一种期待感。

当他第一次内疚地拒绝别人的请求时，那位向他寻求帮助的同事特别恼火，他已完全习惯于从奥利弗这里获得帮助，所以根本没想到奥利弗会拒绝他的请求。

所以你瞧，你得做一些改变。你要坚守自己的底线，计划哪次让别人失望一下，这件事越早越好。当然，这并非易事。因为在不让他人失望的愿望背后，隐藏着一种原始的生存策略。

过往的阴影

你可还记得，第一次设法满足别人的期待是在什么时候吗？通常来说，这种行为早在童年时期就已开始。孩子完全依赖于父母，无法独自照顾自己。因此，对于孩子而言，被父母友善地对待和照顾，是关乎生存的要事。所以，通过行为去收获更多的喜欢甚至是爱怜，是很多人从小形成的生存策略。

你在还无法用言语来表达的时候，常常凭直觉感受周围的气氛，以及父母的状况。你逐渐懂得哪些行为能获得奖励、关注或照顾，而哪些行为会招致愤怒、冷落等惩罚。在学会走路或开口说话之前，你就已经开始让自己适应这种环境了。

回想一下童年岁月，得到父母的夸奖时，你曾多自豪；让母亲开怀大笑时，你曾多开心；父亲喜悦地注视着你时，你曾多幸福。那时候，父母是你在这世上最重要的人，为了让他们幸福，被他们所爱，你本能地想方设法成为他们期待的样子。

注意！适应环境是深植于我们内心的一种生存本能。

在成长过程中，大多数人丢失了让父母幸福或使他们自豪的强烈愿望。孩子越大，参照的人物就越多，人也越独立。尽管如此，他们依旧保留着与父母的情感联结。在担任心理咨询师和培训师期间，我发现我认识的人无一不在意父母的意见，无一不因父母的轻视而感到痛苦，即使他们不愿意承认这一点。

所以，想要满足他人的期待是早已根植于我们内心的一种模式，而且我们又日日强化它。我们每天都要多次面对这样的抉择——该遵从于自身需求，还是屈从于他人的需求？大多数情况下，我们对待他人的请求远比对待自己的要认真。这使得我们越来越习惯于将自己排在他人之后，从而忽视自己的精神压力极限。

现在我要跟你说的是：停下来！停止按别人的想法行事，学会说"不"。当然，童年的烙印如果太过深刻，实际做起来就没那么容易。已经成年的你虽然经历了各种大风大浪，积累了很多生活经验，可一旦得承认自己犯错或者有负众望，所有的知识和理智都会消失得无影无踪。此时，你不再是那个胸有成竹、信心十足的成人，而又变回那个束手无策、被苛求的孩子。你费劲制定的那些对策，忽然间就不管用了。这就好像你要进行一次时空之旅，却忘了事先将你的各种知识和技能打包入箱。

如果走不出以往的阴影，你就会不断地在过去与现在之间痛苦拉扯，这是非常正常的现象。因为童年的烙印还未褪去，它还会不时地扰乱你的情感世界。接下来，就让我们来追寻那些烙印的踪迹，并对其进行加工处理。

深入分析内心那些尚未痊愈的旧伤，是本书重要的练习之一。因此，请尽量花上几天的时间，完成下面的练习。

练习 14：我内心的那个孩子

请静静地思考一下，在你不得不让某人失望或者再一次因为犯错而感到沮丧时，你觉得自己几岁？3 岁？7 岁？还是更大些？进入自己的内心世界感受一下，以找到正确的年龄。

然后，将自己的思绪引入对应年龄段的时光。你眼前立马浮现出哪些经历？当时是怎样的情境？你要克服哪些困难？如果条件允许，翻看那时候的照片或问一问家人，他们还能回忆起哪些事件？当时你对那些事件的感受如何？

"做得不够好"的基本信念产生于童年，当你面临某次"失误"时，可能就会回到那个时期。不过，你的自我怀疑不仅仅源自某个具体事件，更可能是由很多琐碎的经历共同促成的。请设法找出这种情感产生的原因。

请尽可能迅速地将下面这句话补充完整："儿时的我感觉自己像一个失败者，因为……"把自己此时所能想到的所有内容写到练习清单 14 的第一处空行中。奥利弗曾写道："儿时的我感觉自己像一个失败者，因为我无法让母亲一直开心幸福，无法消除她所有的烦恼。"

接着，看着你刚写在纸上的那些句子，开始思考。那时候，你还是个孩子，如今你以成人的眼光如何评判当时的事件？再想象一下，倘若你笔下的主人公并不是自己，而是另外一个同龄的孩子，你还会认为，这个孩子真的很失败吗？还是你会因此改变看法？当年让孩子失败的那项任务，是那个年龄的孩子可以完成的任务，还是一个超出他能力范围的要求？孩子是真的失败了，还是他自我感觉失败了？

当奥利弗面对这些问题时，他清楚地意识到，没有人可以消除另一个人所有的烦恼，更别说一个小孩子了。他觉得自己应当承担的责任，在当时就算是成年人也难以胜任。事后他才认识到，倾听母亲所有的工作烦恼并找到解决办法，对一个孩子来说是一种苛求。

在成年人眼里，客观地评估这些情况是一件很容易的事情。可是孩子常常以年长的哥哥姐姐或成人为榜样行事，根本意识不到哪些事不适合他们做。如果后来失败了，他们就会把一切责任都归于自己以及自己缺失的能力。现在，你可以修正这一观点。在练习清单 14 的第三处空行中写下你当年不能满足对自己的要求的原因。对此，奥利弗的答案是："没有人，更别说一个孩子，能持久地给人幸福。而且，没有人会对一个孩子提出这样的要求。这是无法做到的事。"

现在的认知对彼时的你会很有用。不过，只有在理想世界里，才会一直有人陪伴在孩子身旁，随时感受孩子的需求，纠正孩子错误的观点。请问一问自己，当时身为孩子的你需要什么样的支持，才能不让自己感到内疚或无能？将你的答案记录在第四处空行中。

童年时的奥利弗对母亲是否足够坚强缺乏信心，既不相信母亲能自己解决问题，也不相信她会一直关心自己。他需要的是有人从他的肩上卸下责任的重担，倾听他所有的烦恼。奥利弗在写下他的需求的过程中，越来越意识到被父亲抛下的感觉，以及自己内心对一个坚强的男性陪伴者的渴望，都曾是那么地强烈。

练习清单 14：我内心的那个孩子

儿时的我感觉自己像一个失败者，因为……

_____

_____

_____

_____

_____

现在作为成人，我怎么看待那些事？如果那些事发生在一个陌生的孩子身上，我又会如何评价？

_____

_____

_____

_____

为什么我当年无法满足对自己的要求？

_____

_____

_____

_____

_____

_____

_____

_____

为了不让自己感觉内疚或无能，儿时的我需要什么支持？

_____

_____

_____

_____

_____

_____

_____

_____

_____

如果你完成了练习清单 14，就接着给儿时的自己写一封信。这封信要以你当年内心所渴望的那个成人的口吻来写。一般而言，通过这样的思考并基于自身体验，你会发觉另一种基本信念所能带来的巨大帮助。这时，你可以追溯过往，帮助自己重拾信心，并消除儿时的恐惧，学会用另一种方式看待事物，并鼓励自己。你自己最清楚，需要用哪种方式来跟当年的自己对话。

奥利弗多年来一直备受煎熬，因为他觉得自己没能成为母亲的依靠。在深入探究自己的过往这一过程中，他认识到，这项任务与自己当时的年龄完全不相符。渐渐地，他理解了当年的情况，认识到还是孩子的他所做出的成绩。当在信的末尾写到他为这样一位勇敢坚强的男孩感到非常自豪时，他强忍泪水。接着，他告诉心理咨询师，以这样的形式确认自己当年不但毫无过错，反而凭一己之力撑起了一切，他感觉如释重负。

需要注意的是，面对难以应付的情境，你可能又会像孩子那样思考，或是有当年那样的感觉。因此，请将你前面那封写给儿时的自己的信，放在随手可取之处。每当你又陷入失败的沮丧之中，旧伤复发，就将它拿出来，从头至尾阅读一遍。

从孩子走向成人

我们需要再次让自己明白，我们已经战胜了哪些困难，这会让我们感觉更坚强、更有能力。如此慢慢开始探究对自己不好的看法。不过，我们究竟为什么总会重蹈覆辙，且在工作上尤其如此？

这或许是因为我们把工作和原生家庭进行了类比。工作上的局面越是让我们联想到童年时期的家庭，就越可能让我们在某种情境下做出和当年的孩子一样的反应，但是这种"横向联结"不一定那么一目了然。例如，我们的父亲和领导可能是两个完全不同的人，尽管如此，他们都会在我们内心触发相同的无力感。我们的女性同事和妹妹的年龄和生活条件可能不同，但是她们遇到困难时，都喜欢向我们求助。

注意！即使在某些情境下我们感觉自己还是当年的那个孩子，那也早已物是人非，如今的我们拥有当年所没有的各种可能性。

为了理解自己为什么会时不时旧伤复发，我们可以寻找其中的共性。请反复回想，在哪些情境下自己感觉无助和无能？然后，思考一下，这些情境唤醒了哪些童年的回忆？而今我们早已不是当年的孩子，而是一个有一定生活阅历的人，一个可以掌控自己生活的人。越是清楚这一点，就越容易走出童年的阴影。

练习 15：如今情况有变

我称这一练习为"辨别练习"，它可以帮助你明确从前和现在的区别。请填写练习清单 15。

问题 1：如今和当年比有何不同？

在孩童时期，你无法轻易地离开家生活，也无法独自生存。如今的情形对你显然更为有利，你随时可以辞职，无须他人照顾，不依靠任何人生活。

问题2：我现在了解的哪些事，是早年不曾了解的？

童年时，你对这个世界还知之甚少。当时，你需要成年人的指引来理解事物内在的基本关系。可你的父母并非百科全书，而且有时还会给出错误的信息。注意，并非所有从父母那里学到的东西都是正确的。

现在，你可以自己决定如何看待事物，你拥有孩提时不具备的知识及能力。写下你所有的技能和学习经历。

问题3：我现在拥有的哪些资源，是早年不曾拥有的？

被苛求的感受就好比孤军奋战，孤立无援，你在童年时确实可能遇到过这种情况。但是如今你已长大成人，拥有社交关系网，或许还能赚钱养活自己，有办法自助或得到他人的帮助。你需要记下所有应急时可以动用的资源。

若情境有所变化，你应该有意识地再次进行这样的辨别练习。物是人非，一切都已不同于当年。你长大了，成熟了。相比20年前甚至更早之前，你现在拥有的技能要多得多。每当你陷入儿时的无助时，就看一看这份练习清单，提醒自己：尽管你的感觉一如当年，但你早已不再是曾经的那个孩子。

现在，把自己当成心理咨询师，以旁观者的视角来观察自己的内心世界，对自己说，那些旧时情感与如今成年的这个你已经没有多大关系。当你再次出现类似的挫败感时，再读一遍你写给自己的那封信，帮助自己脱离"儿童模式"，重新回到"成人模式"。

关爱自我，了解自身的能力极限，才是脱离冒名顶替综合征恶性循环的重中之重。你要明白：童年时期对环境的适应只是一种生存策略。而今，你已成人，可以生活自理，不必满足他人的所有期待。不管你原本是怎样一个人，你都可以继续做自己，而且可以做得足够好。

练习清单 15: 如今情况有变

如今和当年比有何不同？

_____

_____

_____

_____

_____

我现在了解的哪些事，是早年不曾了解的？

_____

_____

_____

_____

_____

我现在拥有的哪些资源，是早年不曾拥有的？

_____

_____

_____

_____

_____

自我反省

如何理解自己并更好地进行自助？

> 哪些情境下我又感觉自己像一个孩子？带来这种情感的刺激是什么？

> 我如今的生活境况能让自己在多大程度上回忆起当年的事？

> 哪些方面让我看到从前和现在的区别？

> 如今的我如何评价自己童年时期的那些成绩？

> 为了不让自己感觉无能，儿时的我需要什么支持？如今我能以怎样的方式给予自己同样的支持？

> 有什么方法能帮助我摆脱童年的阴影？

第十章　正确评判自己

　　马拉沉思着漫步穿过森林，小鸟的鸣啭和冷杉的苍翠都无法吸引她的注意力，只因她完全神游天外。"之前我经常独自走过这片森林。"她回忆道，"在大自然的寂静中，我可以好好地思考。这个习惯到现在也没有变。"

　　她浮想联翩。心理咨询师上次交给她的任务真不好完成。一周以来，她忙于此事：将自己的人生故事置于放大镜下仔细回顾。在这一过程中，诸多情感纷纷涌现：伤心、羞耻、遗憾，当然也有自豪感。她越深究自己的过往，就越能理解自己当下的处境。她感叹道："现在我才真正明白到底发生了什么，就像完成了一幅拼图一样。突然间我了解了自己如此行事的原因，了解了以往自己所有的决定都是合乎情理的。过去几个月，我的心态发生了很大变化。"

　　这一刻，马拉充满了信心。她明白，前路漫漫，她还会不断地怀疑自己和自己的能力，但是她也觉察到，自己现在走上了正道。深入探究自己的这一练习让她幡然醒悟。马拉内心涌起一股对心理咨询师的感激之情：心理咨询师给予她那么大的帮助，给予她真正的启发，尤其是重新唤醒了她的信心。马拉脑海里回响着他上次说的话："重新书写你的人生故事吧。"他说话时还给了一个她鼓励的微笑。"谢谢！"马拉低声回答道，"我会的！"

回忆人生路上的站点

作为走出冒名顶替综合征恶性循环的最后一步，我想引导你再次有针对性地回忆你人生路上的几个阶段。就像马拉一样，你也会从中获得很多新的体会。或许直到此时此刻，你还在抱怨命运的不公，或责怪自己某些错误的决策，这很正常，因为内心的哈哈镜展示给我们的是扭曲过的事实。如果你在我的帮助下仔细探究，你就会明白事情的来龙去脉，从而能以另一种视角来观察自己。

回溯过往，就好像在看一部你曾经看过的电影。看第二遍时，故事情节的发展突然不同了。那些你之前认为无关紧要的细节，如今显得格外重要；影片涉及的人物，似乎比第一次观看时令人更有好感或者更反感；在观影过程中，你还会发现之前完全漏掉的剧情间的联系。这种现象无可避免，因为我们早就知道，谁扮演什么角色，发生了什么事。这些信息我们无法忽略，我们的判断也因此受到很大影响。

回看我们自己的人生故事亦是如此。我们总是以当下的状态来回顾人生，下意识地以我们现今所掌握的知识来评判当年的各种行为，以期得出所希望的或者与之相反的结果。出于这个原因，我们必须保持警惕，过去的某种决定或行为模式并不一定就是错误的，因为在行为发生的那个时间点，我们完全无法预知将来会产生什么后果。请反复提醒自己：当时的你不像如今的你知道这么多。

注意！根据过去的知识和能力做出的决策，在那时是最佳决策。人生需要向前看，但回溯过去可以让你明白，哪些行为具有目的引导性，哪些则不然。

对某些行为模式感到自责或抱怨已经发生的事，根本无济于事。不过，你可以从中吸取教训，以便今后做出不同的反应。通过深入探究自己的过往，你会更好地理解是什么引导你做出当初的决策的。

在仔细回顾过往的过程中，你常常会看到某种特定模式。这种模式类似一根红线，贯穿你迄今为止的人生。你会确定一点，即你会经常面对类似的问题，或者说是相同问题的不同表现形式。因为我们总是无意识地按照童年时习得的模式行事，犹如我们被预设了一种特定的行为模式程序，我们不知道程序的具体内容，却看到了程序的最终结果。即便是在多年后的今天，你还是会发现，如今的生活与从前的生活之间存在相似性。如果想要彻底摆脱冒名顶替综合征，首先必须找出哪种模式还一直在自己的内心世界里起作用。

所以，拿起笔，多花一些时间，严谨地再次审视你过往的人生。最后 3 个练习包含了一定的书面作业。不要被这些书面作业吓到，一定要将你的想法记录下来。只有这样，你对自己人生故事的深入探究，才能获得较大的成效。

注意！人生的每一阶段都存在一些我们必须应对的挑战，而且由此获得的体验有助于我们成长。倘若我们只能以不甚理想的方式开启某一段人生，那么后续几段人生都将会因此受到影响。

练习 16：我人生路上的各个站点

再次用放大镜回看你的人生故事。在长大成人的路上，你要走完多个阶段，你在这些阶段所运用的解决问题的策略，往往会映射到现在你处理事情的策略中。

婴幼儿阶段：你刚出生时，必须依赖他人喂养，因为你本身是无能为力的。那时你唯一的求助方式就是哭喊。如果你的饥饿需求通过接受哺乳得以满足，由此获得的最初信任感将伴随终生。倘若父母对你的需求不甚理解，受到亏欠的感觉或许从此就在你心中滋生。你会想方设法补偿这种亏欠感，比如通过过度控制或增加引起关注的需求。根据我在练习清单 16 中汇总的问题思考一下，你当初的境况如何？通常情况下，你是否容易给予他人信任？

学龄前阶段：大约 3 岁开始，你形成了一种自我镜像。此时你懂得了要获得自己想要的东西，就得付出行动。你在成人阶段的大多数行为模式，早在这个年龄段就已逐渐形成。因此，父母的榜样作用极其重要，因为你几乎不可能有其他信息来源。这个阶段可能会产生错误的角色期待和随之而来的内疚感，所以你需要找出你所习得的认知以及你在家庭中扮演的角色。

学龄阶段：进入学校后，你面对的是一种全新的规则。突然间，成绩要用分数来衡量，一切都变得可量化、可比较了。如果此阶段你不能被告知"即使不看成绩，你也是一个很有价值的人"，就可能会产生"我不适合，我做得不够好"的情感。这对有冒名顶替综合征的人而言十分典型，这些情感最迟到现在这一刻会全面表露出来。因此，可以针对这一阶段遇到的那些问题来深入探究自己，比如，你如何对待成绩压力？

青少年阶段：随着年龄的增长，家庭之外的影响因素越来越多，朋友越来越重要。这一阶段的挑战是慢慢脱离父母，形成稳定的自我价值观。如果这件事没做好，你就会一直试着改变自己。因此，问一问自己，在这一形成自我认同的重要时期，你获得了哪些体验？

成人阶段：作为成年人，你在事业和私人生活两方面均要承担责任，或许业余时间还忙于那些对你而言很重要的其他事情。你对这个世界有贡献，你投身的事业有价值，获得这种体验是这一阶段最为鲜明的特征。倘若你对这种体验很陌生，就会觉得价值感有所欠缺，人生于你似乎空洞乏味。如果仔细回顾，你就会发觉过往的体验至今仍对你具有极大的影响。最后思考一下，当下的生活与以往的人生阶段相比有哪些相似或不同之处？

如果你"完成"了练习清单16，那就请你从堆积如山的问题中穿堂而过。对人生各个阶段的深入探究会帮助你更好地了解迄今为止自己是如何应对人生的各种挑战的。回顾曾经面临的各种困难，你可以更好地解释自己当下的行为，也会更加明白行为模式的重复性。

练习清单 16：我人生路上的各个站点

审视自己人生的各个发展阶段，回答下列问题。

婴幼儿阶段：最初信任感的养成

> 你是家长所期盼的孩子吗？你感觉自己是被爱的，还是自己更像父母的包袱？这种被爱或被嫌弃的感觉在哪些方面（事业和私人生活）得以延续？

> 你曾是一个依赖感很强的孩子吗？你尝试过独立吗？现在情形如何？

> 童年时你不得不体验的失望和失去亲人（分居、离别）的经历有哪些？你是如何进行自我安慰并从中解脱的？现在你又是如何对待失望的？

> 你的家人未曾满足你儿时的哪些需求？如今你是如何设法满足这些需求的？

学前阶段：同一性和自我镜像的形成

> 当你表露自己的情感时，人们曾怎样对你？你犯错或发脾气时，父母曾有何反应？

> 你在家庭体系中扮演何种角色？这一角色对你来说是否是一种苛求？

> 你童年时运用了哪些策略来获得喜欢或表扬？你现在还在运用这些策略吗，比如在职场上或朋友圈里？

> 你的父母是否理解过你的需求？父母一方患病了吗？父母

有无财务或职业上的担忧？父母的担忧对你产生了怎样的
影响？

> 你曾如何对待父母的各种命令？更多的是服从还是逆反？
你如今与领导的关系如何？这和你与父母之间的相处有相
同点吗？

学龄阶段：对待学习成绩和成绩压力

> 你入学的过渡情况如何？当你把考砸的成绩带回家时，父
母有哪些反应？你考试前的自我感觉如何？

> 你曾对自身能力有何设想？你的父母对此有何设想？你觉
得自己如今的能力如何？与之前相比有什么不同之处？

> 在哪些情境下你会有失败的感觉？哪些经历强化了你"做
得不够好"的基本信念？

青少年阶段：脱离父母，固化自我价值观

> 青少年时期有哪些特别事件发生？哪些关系于你很重要？

> 如果和朋友一起做了什么不好的事，面对父母你曾心虚
吗？你向父母隐瞒过什么？

成人阶段：承担责任，获得自我价值

> 职业培训和职业生活开始的那段时间你是如何度过的？
应聘时间是长还是短？你抓住了哪些机会，又拒绝了哪
些机会？

> 你的工作如何？工作中是否有让你想起原生家庭的场面？
  领导让你想到哪个家庭成员？哪几个同事会让你想起你的
  兄弟姐妹？

> 你的工作对你的自我价值评估有何影响？

再次追忆儿时的那些经历后，马拉明白了：现在的职业情境与她学生时期发生的事情类似。当年她悄悄完成家庭作业，对父母隐瞒她的好成绩是花时间学习才得来的这一事实，如此，她也就越来越感觉自己像一个骗子。现在，如果她加班加点完成工作，她就会心虚。以前她想让父母为她感到自豪，如今她想要领导对她的工作感到满意。就像她成绩不好时面对父母觉得羞愧那样，现在如果在专题演示中犯了一个错，她同样觉得羞耻。在仔细回顾过往的过程中，马拉看到了某种重复性：从学习到工作，她一直感觉自己不够聪明，必须隐藏为取得好成（业）绩要花费精力这一事实。整个过程中唯一变化的，只有她想讨好的对象而已。

你不妨也认真回顾一下，冒名顶替综合征是如何贯穿你的人生的。你何时曾试图扮演一个和自己的能力不相符的角色？如今的情境与童年是否相似？面对哪些人，你有类似儿时面对父母的感觉？为什么？

这些思考能够让你明白，你究竟是如何出现冒名顶替综合征的，又是哪些行为模式促使你一再相信自己做得不够好的。

分析现在行为的原因

我们在探究自己成长经历的过程中，不仅会发现很多相似的事件，还能更好地理解自己为什么一直以相同的方式行事。一再采取同样的行为，并非说明我们极其抗拒学习，而是我们在重复一种多年前所必需的，也是有用的解决问题的策略。

你在前一个练习中肯定也意识到了，为了顺利成长，你曾经要应对许多挑战，却未必每次都能获得相应的支持。如果你未曾获得良好的支持，你会自己想出一个解决办法。那些如今一再让你感到绝望的行为模式，事实上都是你儿时为了满足人生需求而找到的策略。

倘若你怀疑自身的成（业）绩，那么你在考试前、专题演示前和类似事件发生前所做的一切准备，也就能够理解了。如今，这种准备成了你应对工作压力的一种方式，因为你童年未曾习得更好的应对方式。这就能解释每个有冒名顶替综合征的人的行为模式了：一个没有建立足够的信任感的人，一定要把工作做到极致，避免任何错误，只因他无法相信别人的善意；而一个没有形成稳定的自我价值观的人，倾向于做事面面俱到，因为借此可以减轻对被批评的恐惧。

所以你看，你现在的行为实际上是在弥补自己当年未能平衡的亏欠。但是你也要想到这一点——你是以一个成人的眼光来评判的，而儿时的你具有完全不同的思维方式，对相应的情境有不同的评估。

就比如，奥利弗常常感到疑惑，为何童年的他根本没有向老师甚至母亲倾诉自己的种种烦恼。倘若那时他将自己的各种困境告诉母亲，母亲可能就会卸下儿子为她的幸福所负的重担，可能就会纠正他看待事物的某些扭曲的方式。现在的他根本无法认同自己曾经的做法。在心理咨询师的帮助下，奥利弗终于清楚这样一点：童年的他已经尽力了。他曾如此坚信，若是他还要用自己的问题去烦扰母亲，母亲就会崩溃。因此，他从不敢跟母亲提及自己的问题。出于相同的原因，他也无法向其他任何人倾诉，因为他担心别人会把他的事情告诉母亲，所以他保持沉默，独自一人挑起对自己和母亲的责任重担，以一再激励自己要做得更好的方式来减轻或许哪天就会失去母亲的恐惧。他曾认为，如果他事事做到完美，就有可能阻止他最害怕的事发生。这种对完美的追求让他找到了摆脱恐惧的"出路"，并且给他"可控感"。

当奥利弗明白，出于种种原因，当初那个男孩才无法寻求帮助，他惊讶地认识到，自己在那条通往成人生活的路上遇到了多少困难。他也越发清楚地看到，自己眼前所呈现的，并非一个失败者的历史，而是一个超乎寻常地做了很多事的勇敢坚强的男孩的故事。

最后，奥利弗还领悟了另一件重要的事：童年的他曾有一种非常强烈的无助感，如今他又将这种无助感转移到了周围的人身上。如果他拒绝某人，此人可能会产生孤独无助和被苛求的感觉，就像童年的他那样，所以他无论如何都想避免那种情形再次发生。可是，迄今为止，他从未想过，别人或许根本不像当年的小奥利弗那样需要帮助。

你小时候也不得不面对一些只能以自己的方式解决的难题吗？请你仔细回顾一下，你当年的思维方式和行为是否帮到过你？

练习 17：我的行为的原因

在上一个练习中，你深入分析了自己的成长过程。把你的笔记再次拿出来，它有助于你更好地将自己的反应归类。

首先，思考一下，冒名顶替综合征的哪些影响使你最为困扰，将这种影响描述得越详细越好。现在回想一下童年时期，你第一次有此类行为、想法和情感是在什么时候？可能的话，也问一下你的家人，他们是什么时候发现你有这种行为、想法和情感的？

每一段人生都有不同的难题。根据练习清单 16 的笔记来检查一下，那时你不得不解决哪些难题？你需要哪些方面的大力支持？为了独自克服困难，你曾运用了哪些策略？你的行为能在多大程度上帮你应对挑战？

通过这个练习，你会发现，当年的自己已经尽力了。而今你或许能更清晰地认识到，当时在没有他人支持的情况下自己应对了多么艰难的局面。最后，对童年的自己以及长大后的自己，为把握人生所做出的各种成绩给予应有的评价。将你对此所做的所有思考填入练习清单 17。然后，以改变后的眼光再次审视一下自己的人生。

练习清单 17：我的行为的原因

我经常抱怨自己的哪些思维方式或行为模式？

_____

_____

_____

_____

在哪个成长阶段我首次做出如此反应？

其后隐藏的是哪种恐惧或需要？

_____

_____

_____

_____

我的行为在多大程度上帮助自己解决了问题？

_____

_____

_____

_____

用全新的视角看人生

传记写作①是心理治疗的一个重要组成部分。在我的职业生涯中，我了解过很多人的人生故事。尽管那些故事不尽相同，但都无一例外地打动了我。父母分居，失去亲人，伤害和失望，这些消极的人生经历都曾对当事人产生了重大的影响。每一次，我都惊讶于当事人的创新能力。为了克服消极影响，他们独创了各种解决办法。我对他们致以崇高的敬意，为他们能够适应艰难的处境。每当我将这些话反馈给我的患者时，他们都很震惊：他们只知道自己的不足和弱点，但从未清楚地意识到自己这一生中已经做出了许多成绩。通过我的反馈，他们才明白自己实际上有多强大。

这种视角的转变尤其对有冒名顶替综合征的人有益：让自己的内心世界远离匮乏，走向充实。他们往往觉得自己的人生就是由一连串的失败组成的，完全无视自己在人生路上必须克服的困难，以及凭一己之力克服了这些困难的事实。有时，我们真的需要他人在我们面前举起一面"镜子"，展现那些我们自己看不到却显而易见的事实。

从现在开始，打破内心的哈哈镜，将目光投向真正的自己，与我一同发现他人早就从你身上看到的事实：你是最棒的！因为你已经凭一己之力解决了人生中的很多难题。

---

① 心理治疗中的传记写作是指来访者通过叙说、倾听和书写自己完整的生命故事，使得自我发生改变，进而将有缺陷的生命故事转化为一个新的、好的生命故事。——编者注

你还记得上学时写过的作文吗？那时候你必须根据命题写一篇好几页的故事。在本书的结尾，我也想给你布置一项类似的作业：写下你的人生故事，而且要将这个故事作为一部成功史来写，主题为"我是如何逆流而上的"。

由于每个人的故事都各不相同，接下来我不会给出练习清单，不会给你提出任何设定，当然，也不会为此打分。但是，你会发觉，这最后一个练习依然是非常深入的自我探究，有着非常大的作用。

这个练习值得你花上几天时间来完成。我的患者经常说，撰写自传让他们的内心世界，尤其是基本信念发生了很大变化。

马拉也勇敢地完成了这项任务。她说：

原本我对撰写自己的成功故事这件事逃避了很久。我害怕自己丢三落四，或者写得牛头不对马嘴，从而起不到任何作用。但是后来我意识到，这其实是我的老毛病又犯了。我意识到自己不再是那个坐在小学教室里的孩子了，而且写自己的成功故事也不会有人来评分。就这样，当我提起笔，那些话就通过笔端流淌于纸面上了。好几回我都哭了，因为自己再次感受到了过去的情感。同时，我也对自己迄今为止丰富的人生经历吃惊不已：各种大小事件、各种体验、各种困难和各种成功。我相信，如今我的看法真的已经完全不同了。现在，每当不能足够好地完成一次专题演示的恐惧再次向我袭来时，我都会暗自默念：我已经成功完成了其他好多不同的事情。

现在，你播下了最后一批种子，可以充满自信地突破冒名顶替综合征的恶性循环，慢慢成长起来。你第一次在"另一面镜子"前打量自己的人生。祝愿你每天多一点儿自信，相信自己实际有多好，相信自己已经成就了的所有。

自我反省

我如何评判自己的人生故事？

> 哪种行为模式贯穿了我的童年和成年生活？

> 从前和现在相比，有哪些相似之处？

> 我尝试通过我的冒名顶替综合征对策来应对哪些恐惧或者需求？

> 童年的我不得不与哪些特别的困难做斗争？当时我是如何解决的？

> 我有一部怎样的成功史？

第十一章 重获新生

　　"奥利弗，有什么事吗？你看上去心不在焉。"彼得拉担忧地望着丈夫。奥利弗晃动着咖啡杯，陷入沉思足有 5 分钟了。"是不是跟下周与你老板的谈话有关？"奥利弗终于从沉思中清醒过来。"是的，你说得对。"他开口道，"就是这事。下周谈话时，我想跟他说说我在公司里的职业前景。我不确定自己是否想继续待在那里。"彼得拉听了很吃惊，同时也有些失望。她亲眼看到丈夫在前一段时间自信了不少，恐惧也消减了很多。难道他的自我怀疑又卷土重来了？

　　奥利弗注视着妻子。"不是你想的那么回事儿。要是我辞职，改行干点儿别的，你觉得如何？"接收到妻子的目光时，他立马否认道，"我并非觉得自己无法胜任目前的工作，只是好几个星期以来我一直在追溯我的过往，最终明白，我现在的人生根本不是自己想要的。初中毕业后，我接受了职业培训，只是为了能尽快赚钱，以减轻母亲的负担。这家公司对我而言正合适，我也喜欢那个老板。天时、地利、人和俱备，所以我就干脆留在了那里。直到现在，我都从来没有深究过这个问题。可是现在我发觉，这份工作并没有带给我激励。我最好再去上大学，成为一名教师。"

彼得拉目瞪口呆地盯着自己的丈夫。她完全不认识这样的他了。这意味着他俩的生活会有很大的改变。不过不知怎的，她觉得这个心思细腻又聪明的人会是一个称职的教师。"另外，"奥利弗继续说道，"做老师的话，我也会有更多的时间照顾家庭。"他深情地注视着妻子，盯得她不自在。他问妻子："你怎么看？我……"他结结巴巴地说道："我想问问你，你能考虑一下，我们生个孩子吗？"彼得拉手中的咖啡匙当啷一声掉在托盘上。这把她完全弄糊涂了："可你不是一直说不想要孩子吗？本来我是很想要孩子的，不过，你总是不同意。""是啊，是这样。"奥利弗回答道，"可是，我现在渐渐明白了，我之前一直感到害怕，害怕自己会是一个失败的父亲，害怕自己对孩子的要求过高，一如当年的我被过高要求那样。但是现在我相信，我可以成为一个好父亲。我也会在教育过程中犯错，不过，一定不会重复我母亲的错。我相信，我所体验过的事，可以让我的儿子有一个良好的人生开端。"彼得拉不禁咧嘴笑了，笑奥利弗这么理所当然地提到儿子，好像他能选择孩子的性别似的。"让我们在接下来的几天平心静气地好好商量一下。不过，你知道吗？我喜欢这一刻我面前这个崭新的奥利弗，我喜欢他未来的计划。"彼得拉在桌子一侧倾过身去亲吻了一下丈夫的鼻尖。

本书收尾前，我还想向你说明一些事情：倘若你能将所有练习做完，并一步步摆脱冒名顶替综合征，改变的则不仅仅是你对自我的看法。一旦你不再让恐惧和觉得自己无能的想法来决定自己的日常生活，那些你以前不敢想的新的愿望就会浮现。

也许，在深入探究自我的过程中你会认识到，自己过的是一种让许多人，唯独不是你自己，觉得幸福的人生。你很可能会质疑过往的某些经历，遗憾曾经错过的机会，从而心生不满，但你也有机会开拓一种完完全全符合自己心意的人生。

这是一件好事。因为如果你按照旧模式继续生活，首先想着去满足他人的期待，便会再次进入一个根本不适合自己的角色。因此，你一再感觉自己像一个冒名顶替者，也就不足为奇了。相反，若是你在日常生活中慢慢地去满足自身需要，做回自己就容易得多。

不过，即便在一种量身定做的人生中，有时也会出现那种老一套的冒名顶替思维，让你不自信。在我动笔撰写这本书的时候，也听说过这样的事。这是正常现象，你不用觉得不安。更重要的是，你要迅速地逃离内心的哈哈镜的影响。在此，我总结了一些小建议。

克服冒名顶替综合征小口诀

我清楚地记得在小学时是怎么学习乘法口诀的。老师一再提问我们，直到我们的回答快得像手枪里出膛的子弹。现在，如果有人问我"8 乘 4 等于多少"，我根本无须思考。这是必需的技能，因为许多计算都基于此口诀。如果没有掌握这些基础知识，我们在计算中往往就会出错。

冒名顶替者也有一些基本的内心口诀需要牢记。这些口诀能帮助你远离内心的哈哈镜的圈套。我特意将这些口诀简化了一下，使之朗朗上口。请一再复习这些口诀，直到你不加思考也能脱口而出为止。

足够好比完美好

忘掉追求完美的想法。一方面，你永远无法达到那种境界，由此也就会一直对自己不满；另一方面，要把已经做得够好的事情做得更好，实在太花时间。下次再因犯错而懊恼时，提醒自己，你不是一台机器，而是一个活生生的人。

并非所有人都会逆向而行

倘若好多人对你说"你做出了好成绩"，那就干脆相信一次。与其他所有人相比，非常可能是你自己"走错了方向"。你很可能会想，你对自己做出的评估是最准确的，可事实并非如此，你才是那个最有成见的人。所以，即使你对自己的印象与他人对你的完全不同，你也放心大胆地听一听大多数人的话吧！

绝不盲目听从内心的批判者

我们常常会怀疑自己的能力和他人的反馈，但是从不追究自己内心的批判者。当内心的批判者说我们做得不够好，还必须做得更好时，我们未加思考就相信了这话。可是，我们的自我批评并非以真实存在的事实为基础，而是基于对被拒绝或其他消极后果的恐惧。因此，对自己的判断持怀疑态度，看一看哪些证据支持这一判断，又有哪些证据反对这一判断。

草坪上并非只有狗屎

鲜花盛开的草坪让我们愉悦，但是那里经常也会有狗屎。倘若害怕踩到其中的狗屎，你就只会将注意力集中在发现狗屎上，从而忽略了鲜花的美丽，对待自己的优缺点亦是如此。要反复提醒自己清楚一点，你并不仅仅由各种缺陷构成，一如草坪上并非只有狗屎。不要只留意因恐惧犯错而产生的缺陷，而要将目光投向自己的各种成就。

自夸有理

要尊重自己的成绩和优点，即使你在童年就学到做人要谦虚这个道理了。自夸会增强自信心，减少自我怀疑。所以，时时更新自己的成就清单，并勤加复习。

恐惧夺人理智

我们常常回避挑战，或者为此做过多的准备，因为我们恐惧失败。可是，这样一来我们就无法获得新的体验，并且永远发现不了自己的优点。我们在恐惧之中止步不前，甚至还因此放大了这份恐惧。感受自己的恐惧，不过要注意，不要让它掌舵。

情感也会误导

不要完全被自己的情感主导，尤其不要相信那些打击自信心的情感，不要给它们任何发挥空间。把这些情感记录在纸上，然后撕掉或者以其他方式处理这张纸，就是远离它们最好的方式。

就像每天都要刷牙一样，你应该时时施行你的抗冒名顶替综合征对策。要是你每次施行前还得好好回想一下具体内容，那就说明你还未将它们牢记于心。因此，每天晚上记录下你这一天较好地完成了哪些事，获得了哪些积极的反馈，为何事感到自豪，并慢慢形成习惯。相关练习请查阅第五章。将这些对策作为每晚必做的功课，这种思维就能逐渐成为你的本能。将对策练习视为预防措施和每天的心智训练，它通常只需几分钟，但是你的感知和自我评价会因此得到明显的改善。另外，请反复阅读克服冒名顶替综合征小口诀，直到每句话都成为你的口头禅，你可以随时灵活运用为止。

有了克服冒名顶替综合征小口诀，你现在可谓装备精良，可以重新探索自己和世界，可以不断地对全新的自己发出惊叹。基于本人的经验，我可以对你说，不再感觉自己像冒名顶替者，是一种解脱。你会越来越自信，相信自己其实很好。

好了，开启新生活吧！祝你一帆风顺。

你的朋友

米夏艾拉·穆迩兮

后记

"你是认真的？"马拉凝视着她的领导，心都快跳到嗓子眼儿了。她刚从领导口中得知，另外一个部门有一个下层管理职位空缺，领导推荐她担任这一职位。

"我想……"马拉艰难地尝试着集中精神，毕竟不能让领导觉得问她也是白问。"我想，你是怎么想到我的？"看着难掩激动的马拉，领导笑着说道："我推荐了你，是因为你在这里的工作真的做得很好。你值得信赖，努力又认真。把任务交给你，我就是找对人了。当然，这项提议可能让你感到有点儿意外。你考虑一下，过几天再给我回复？""好，我会的。"马拉郑重地回答。

离开领导办公室时，马拉的脑子里乱哄哄的。新的职位不仅意味着在晋升阶梯上一个大的跳跃，随之而来的还有相当大的责任。她该冒险接受吗？要是在几周前，她或许会拒绝，因为她会觉得自己难以胜任。可是现在呢？"事情发生了很多变化。"马拉心想，"我改变了自己。我开始逐渐明白，我真的做得很好。虽然不完美，但是已经很好了。我第一次为一项新的挑战感到高兴。我肯定，我将从中收获成长。是的，我会接受这份工作。我相信自己能做好！"

踏入自己的办公室后，马拉将窗户打开，闭上眼，深吸了一口气。她感受到阳光照射在肌肤上的暖意，感受到自己因憧憬而引发的跃跃欲试的冲动。生活真美好！

冒名顶替综合征
·练习手册·

[德]米夏艾拉·穆逖兮 著

项玮 译

练习清单 2：我的 100 次成功

将你的成功事例填入练习清单 2 中。你要多花一些时间来做这次练习，不必在一天内写完，你可以每天写一点儿，向你的家庭成员询问重要的生活事件，在积灰的地下室或屋顶阁楼里翻出来当年的日记、证明或证书，翻阅童年和青年时期的相册。你越深入地探究自己的过往，就越能回想起自己人生中的各种成绩。

1. _____
2. _____
3. _____
4. _____
5. _____
6. _____
7. _____
8. _____
9. _____
10. _____
11. _____
12. _____
13. _____
14. _____

15. _____

16. _____

17. _____

18. _____

19. _____

20. _____

21. _____

22. _____

23. _____

24. _____

25. _____

26. _____

27. _____

28. _____

29. _____

30. _____

31. _____

32. _____

33. _____

34. _____

35. _____

36. _____

37. _____

38. _____

39. _____

40. _____

41. _____

42. _____

43. _____

44. _____

45. _____

46. _____

47. _____

48. _____

49. _____

50. _____

51. _____

52. _____

53. _____

54. _____

55. _____

56. _____

57. _____

58. _____

59. _____

60. _____

61. _____

62. _____

63. _____

64. _____

65. _____

66. _____

67. _____

68. _____

69. _____

70. _____

71. _____

72. _____

73. _____

74. _____

75. _____

76. _____

77. _____

78. _____

79. _____

80.

81.

82.

83.

84.

85.

86.

87.

88.

89.

90.

91.

92.

93.

94.

95.

96.

97.

98.

99.

100.

练习清单 3：我似乎并没有自己想的那么糟糕

这个练习可以帮助你对自己的基本看法寻根究底。每天至少记录 3 件表明他人对你和你的表现满意的事。

周一

_____

_____

_____

_____

_____

周二

_____

_____

_____

_____

_____

周三

_____

_____

_____

_____

周四

周五

周六

周日

练习清单 4：我自发的想法及其唤醒的情感

　　将想法尽可能详细地记录在练习清单 4 的第一栏中。不要仅仅写上："我想到了工作。"最好写上："领导今天因为这件事，情绪真的变得很糟。他对我会有什么期待？"通过这种方式，你在之后记录评价时也可看到当时脑子里冒出的是消极的还是积极的想法。

想法	情感

练习清单 5：习惯消极思考的原因

看到每一个消极的想法时都思考一下，这个想法会产生什么作用？相反，如果你在这一刻的想法是积极的，将是什么结果？将你自我批评的所有理由都填入练习清单 5。

我的消极想法	借此我要达到……
	我为什么要达到这一目的？ 这能满足我的什么需求，避免哪种危险？

以下是"摧毁"我自己的真正原因

练习清单 6：我内心的批判者说得有理吗

我常常会出现的消极的想法：

支持：	反对：

这些想法中有哪几个仅仅是基于我的基本信念？

_____

_____

_____

_____

_____

别人如何评价我?

倘若是我最好的朋友遇到这种情况,我会如何评价他?

练习清单 7：一位有亲和力的陪伴者

谁对童年时期的我友善并且是一个正面榜样？请列举至少 3 个人。针对所列举的每一个人，回答下列问题。

人物 1

此人典型的话语和行为方式是什么？

_____

_____

_____

_____

他会对目前的情况、我内心的批判者说什么？

_____

_____

_____

_____

为了给予我支持和帮助，他会做什么？

_____

_____

_____

_____

人物 2

此人典型的话语和行为方式是什么？

他会对目前的情况、我内心的批判者说什么？

为了给予我支持和帮助，他会做什么？

人物 3

此人典型的话语和行为方式是什么？

_____

_____

_____

_____

他会对目前的情况、我内心的批判者说什么？

_____

_____

_____

_____

为了给予我支持和帮助，他会做什么？

_____

_____

_____

_____

练习清单 7 的补充表单

当前的指责：

我会对朋友说什么？

要是我的孩子受到指责，我会怎么对待他？

练习清单 8：忘却恐惧感

尽可能详尽地想象一种使你恐惧的情境，比如一场考试或一次与领导的谈话，在脑海里描绘一下这个情境如何越变越糟。当你的恐惧感达到最高点时转换画面，想象一下，你的领导虽然有些激动，不过还远没有像你预料的那样大发雷霆。他不仅未对你的错误加以批评，甚至还解释说，他以前也犯过类似的错误。重要的是，此时你所想象的领导的反应必须符合他的人格特征，并且在现实中有可能出现，这样练习才有效果。慢慢把令人恐惧的场景切换到积极的场景，你会感觉身体的紧绷感在慢慢缓解。请继续保持这种积极的想象，一直持续到身体的紧绷感完全消退为止。然后，结束练习，睁开眼睛。

练习清单 9：想象练习

想象那些会让你产生"冒名顶替"感觉的情境，通过重复体验某种情境和与之相关的唤起恐惧感的刺激，训练自己忘却恐惧反应。尝试想象以下画面。

放松，背靠椅子坐好，闭上眼睛。深吸一口气，然后呼气、吸气、再呼气……每次呼吸你都会感受到，脑海中的各种思绪在逐渐平静下来。这些思绪虽然没有完全飘散，但也不至于干扰到你。此刻，想象一下你站在台上的情境：面前有一个话筒，台下那些毫无表情的听众正在凝视着自己。再想象一下细节：你独自站在台上，浑身发热，你为这场报告做了充分的准备，然而现在脑袋空空如也，稿子上的字迹也变得模糊不清。你嗓子发干，却不想伸手去拿水杯，否则每个人都会发现你手抖得厉害。你张开嘴，想说些什么，却如鲠在喉。此刻，你发现台下的听众逐渐骚动起来，他们开始用好奇、略带嗤笑的目光打量你，还有几位邻座的听众在底下窃窃私语。

调动自己所有的感官来完整地体验这个情境。感受一下，那种恐惧的冰凉感和羞耻的燥热感如何同时在你体内升腾，情绪如何越来越激动，呼吸如何越来越急促，你的身体开始颤抖和出汗。你的恐惧感在哪一刻最为强烈？此刻你身体的紧绷感有多强？现在，想象一下，你轻咳一声，观众席上所有的目光都聚集到你身上。你迟疑了一会儿，开口说道："请诸位不要因为我刚刚的紧张而烦躁。我之所以如此紧张，是因为这一个主题对我来说非常重要。能站在这里讲话，是我的荣幸，但是同时也给我带来了很大的压力。因此，如果我在讲话途中陷入短暂的停顿或语无伦次，还请诸位不要吃惊，也不要因此而分心。"

在说话的过程中，你就发觉那些听众放松了不少。许多人露出了理解的微笑，一些人向你点头予以鼓励。然后，你开始做报告。你的报告进行得并不完美，有时候你说错了话，有时候你偏离了主题。不过，你发现报告的内容还是成功吸引了台下的人。而且，报告开始时，你那段简短的开场白早就赢得了听众的同情和善意。

报告的最后，你心满意足地看向众人，台下掌声雷动，听众们站起身，椅子随之往后挪。很多人交谈着，而大部分人涌向门口。你站在台上，浑身湿透，同时也一身轻松。报告终于结束了。

一位女士微笑着向你走来，对你的开诚布公表示感谢。"我觉得你真值得钦佩，"她说道，"你开场就解释了自己为什么这么紧张，这种说话方式让我印象深刻。"你内心升腾起一种温暖的情感。你感到自豪，为自己成功地克服对公开做报告的恐惧，自豪于自己的方式以及怯场时的表现被人接受并尊重。让那位女士的微笑及其言语再影响自己一两秒钟，再享受一会儿自豪感。

现在，让这个画面非常缓慢地消失在自己脑海中，用力吸口气再呼出，弯弯胳膊，伸伸腿，再深吸一口气，然后睁开眼睛，回到现实中来。

练习清单 10：开始行动

怎样消除我体内的应急反应激素？如何让自己耗尽体能，从木僵状态中解脱出来？

_____

_____

_____

_____

_____

下列步骤有助于我开始工作。

> 小段工作时间：先只做_____分钟的准备工作，然后休息一下。

> 工作量：先设法尽快将我的想法写在纸上，以后再慢慢丰富。

>谢绝批评：后续再做修改和细化。

  下面这句话有助于抑制自我批评：

_____

_____

_____

_____

_____

休整：设定的时间一结束就停止手头工作并奖励自己。

这些是适宜的奖励办法：

_____

_____

_____

_____

_____

_____

此外，下列想法也有助于我开始行动：

_____

_____

_____

_____

_____

　　或许你只能做到让自己坐在书桌前这一点，尽管有我提供的那些方法，你还是无法进行清晰的思考，效率低下，毫无产出。如果现实情况是这样，你就要改变策略，首先找出拖延的原因究竟是什么。

练习清单 11：走出内心的泥潭

哪些想法和情感阻碍了我的思维？

这背后隐藏着哪些担忧？如果出现了我所担忧的情况，真的
会有什么糟糕的事发生吗？

为了克服这种内心阻碍，我需要改变什么？

我第一步要怎么做？

练习清单 12：恰如其分的准备工作

为了让自己感觉有足够的把握，需要做好哪些准备事项？

哪些准备事项真的很重要？

哪些准备事项可以忽略？

_____

_____

_____

_____

_____

_____

_____

_____

_____

因此，我需要有意识地放弃哪些不重要的准备事项，并表现出面对知识盲区的勇气？

_____

_____

_____

_____

_____

_____

_____

_____

_____

练习清单 13：我的担心真的应验了吗

哪种情境最让我恐惧？

在此过程中，让我恐惧的具体是什么？

我实际上在担心什么？

从哪些方面可以看出，我的担心会应验？

在哪种情境下，我可以测试自己的担心是否属实？

到时我最关注的将是什么？

练习清单 14：我内心的那个孩子

儿时的我感觉自己像一个失败者，因为……

_____

_____

_____

_____

_____

_____

_____

现在作为成人，我怎么看待那些事？如果那些事发生在一个
陌生的孩子身上，我又会如何评价？

_____

_____

_____

_____

_____

_____

_____

_____

为什么我当年无法满足对自己的要求?

_____

_____

_____

_____

_____

_____

_____

为了不让自己感觉内疚或无能,儿时的我需要什么支持?

_____

_____

_____

_____

_____

_____

_____

_____

练习清单 15: 如今情况有变

如今和当年比有何不同?

我现在了解的哪些事, 是早年不曾了解的?

我现在拥有的哪些资源, 是早年不曾拥有的?

练习清单 16：我人生路上的各个站点

审视自己人生的各个发展阶段，回答下列问题。

婴幼儿阶段：最初信任感的养成

> 你是家长所期盼的孩子吗？你感觉自己是被爱的，还是自己更像父母的包袱？这种被爱或被嫌弃的感觉在哪些方面（事业和私人生活）得以延续？

> 你曾是一个依赖感很强的孩子吗？你尝试过独立吗？现在情形如何？

> 童年时你不得不体验的失望和失去亲人（分居、离别）的经历有哪些？你是如何进行自我安慰并从中解脱的？现在你又是如何对待失望的？

> 你的家人未曾满足你儿时的哪些需求？如今你是如何设法满足这些需求的？

学前阶段：同一性和自我镜像的形成

> 当你表露自己的情感时，人们曾怎样对你？你犯错或发脾气时，父母曾有何反应？

> 你在家庭体系中扮演何种角色？这一角色对你来说是否是一种苛求？

> 你童年时运用了哪些策略来获得喜欢或表扬？你现在还在运用这些策略吗，比如在职场上或朋友圈里？

> 你的父母是否理解过你的需求？父母一方患病了吗？父母有无财务或职业上的担忧？父母的担忧对你产生了怎样的影响？

> 你曾如何对待父母的各种命令？更多的是服从还是逆反？你如今与领导的关系如何？这和你与父母之间的相处有相同点吗？

学龄阶段：对待学习成绩和成绩压力

> 你入学的过渡情况如何？当你把考砸的成绩带回家时，父母有哪些反应？你考试前的自我感觉如何？

> 你曾对自身能力有何设想？你的父母对此有何设想？你觉得自己如今的能力如何？与之前相比有什么不同之处？

> 在哪些情境下你会有失败的感觉？哪些经历强化了你"做得不够好"的基本信念？

青少年阶段：脱离父母，固化自我价值观

> 青少年时期有哪些特别事件发生？哪些关系于你很重要？

> 如果和朋友一起做了什么不好的事，面对父母你曾心虚吗？你向父母隐瞒过什么？

成人阶段：承担责任，获得自我价值

> 职业培训和职业生活开始的那段时间你是如何度过的？

应聘时间是长还是短？你抓住了哪些机会，又拒绝了哪些机会？

> 你的工作如何？工作中是否有让你想起原生家庭的场面？领导让你想到哪个家庭成员？哪几个同事会让你想起你的兄弟姐妹？

> 你的工作对你的自我价值评估有何影响？

练习清单 17：我的行为的原因

我经常抱怨自己的哪些思维方式或行为模式？

_____

_____

_____

_____

_____

在哪个成长阶段我首次做出如此反应？

其后隐藏的是哪种恐惧或需要？

_____

_____

_____

_____

_____

我的行为在多大程度上帮助自己解决了问题？

_____

_____

_____

_____

_____

练习清单 18：我的成功故事

写下你的人生故事，而且要将这个故事作为一部成功史来写，主题为"我是如何逆流而上的"。

UND MORGEN
FLIEGE ICH AUF